島宇宙理論 | 造父變星發現 | 無止盡永恆暴脹 | 微波背景輻射

帶你穿越宇宙時空的天文學！

王爽 著

宇宙科學史

從地心說開始向天空的探究

UNIVERSE

U0087429

開創一個全新學科的現代宇宙學之母，卻沒得到半點掌聲與榮譽？
人類是何時才驚覺：銀河系竟然不是宇宙的全部嗎？

從推翻地心說、望出銀河系，到追逐恆星死後的歸宿……
一本宇宙科學簡史帶你看星星的歷史！

目錄

前言

2017 年夏天，我開始規劃一場名為「宇宙奧德賽」的環遊宇宙之旅。

旅程的前半段是空間之旅。我們從地球出發，按照由近及遠的順序，依次遊歷以太陽系為代表的行星世界、以銀河系為代表的恆星世界和銀河系之外的星系世界，最終到達宇宙的盡頭，同時也是時間的起點。旅程的後半段則是時間之旅。我們會從宇宙創生的時刻出發，在時間長河中順流而下，依次探尋宇宙起源、生命誕生和宇宙命運的奧祕，並最終回到今天的地球。旅程結束後，我們就能真正了解人類最終極的三大哲學問題（我是誰？我從哪裡來？我將往何處去？）的答案。

今年出版社問我，能不能寫一本為青少年介紹宇宙科學的科普書。很自然地，我就想到可以寫一個簡略版的宇宙奧德賽之旅，也就是本書。

本書的邏輯主線，就是上圖所展示的宇宙奧德賽之旅。我從這趟環遊宇宙之旅中精選了 12 個最重要的主題，包括日心說和地心說、天文距離測量簡史、標準燭光、銀河系的大小、可觀測宇宙的大小、宇宙膨脹、暴脹、宇宙大爆炸、宇

宙微波背景、恆星的一生、暗物質與暗能量、宇宙的終極命運。前 6 個主題，描述了前半段的宇宙空間之旅；而後 6 個主題，則描述了後半段的宇宙時間之旅。對這 12 個精選主題的閱讀，可以為你建構一個關於宇宙的知識體系的骨架。

寫作手法上，本書有兩個最核心的特點：

1. 內容視覺化。全書幾乎沒有數學公式，所有科學知識都轉化成了視覺化的物理圖像，再用通俗易懂的比喻來加以解釋。
2. 故事驅動。為了增加趣味性，書中穿插了大量的科學家的逸聞趣事。此外，我也借鑑了評書的創作技巧，在每一章的結尾都留下了一個承前啟後的科學問題。相信你能感受到此書中傾注的心血和誠意。

準備好了嗎？那我們就開始這場環遊宇宙之旅吧。

1 日心說和地心說

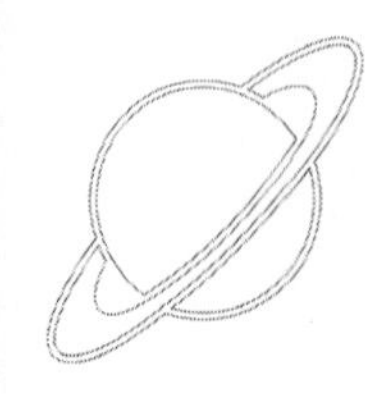

1 日心說和地心說

猜想很多人都聽過這樣的說法：1543 年，波蘭大天文學家哥白尼（Kopernik）提出了日心說（Heliocentrism），一舉打破了長期居於絕對統治地位的地心說（Geocentrism），實現了天文學的偉大變革。

我要告訴你的是，這種說法是錯的。地心說和日心說的對抗歷史，其實非常曲折和漫長。

所以這門宇宙科學的第一節課，我就來講講地心說和日心說相抗的曲折歷史。

早在 2,000 多年前，古希臘人就提出了地心說和日心說。

人類很早以前就觀察到，日月星辰似乎都在周而復始地繞著地球旋轉。所以絕大多數人都認為，地球位於整個宇宙的中心。地心說就是這麼起源的。

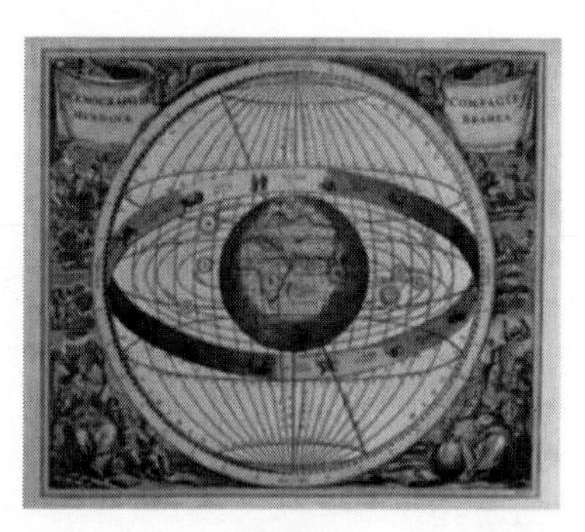

圖 1

圖 1 就展示了地心說的基本樣貌。地球位於宇宙的中心，就像是位於一個城市的市中心。地球周圍有 7 個圓形的軌道，

相當於城市的7環：依照從內到外的順序，依次是月球、金星、水星、太陽、火星、木星和土星。這7個天體都在各自的圓形軌道上，沿著相同的逆時針方向繞地球旋轉。在7環之外，還有一個大天球，其他的星星就散布在這個天球之上。

順便說一下。地心說最大牌的支持者，是古希臘大哲學家亞里斯多德（Aristotle）。他提出了下面這個思想實驗，來論證地球必須靜止不動：一個人原地向上跳，如果地球在運動，那麼當此人落地時，就無法落回原地，而會落到其他的位置。但真實情況是，此人肯定會落回原地。所以亞里斯多德就宣稱，地球一定是靜止不動的。

當然，以我們今天的眼光來看，亞里斯多德的論證無疑是錯的。聰明的讀者，你猜到他到底錯在哪裡了嗎？

不過，儘管有亞里斯多德這樣的超大牌支持者，地心說在古希臘時代並沒有一統天下。因為它有一個很致命的缺陷，那就是行星逆行。之前說過，地心說認為，所有的行星

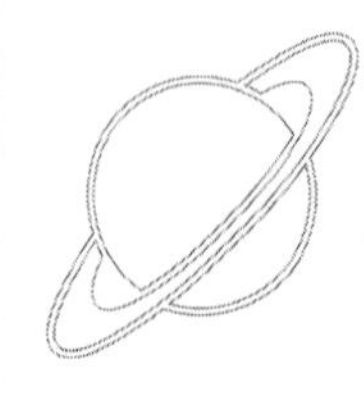

都必須沿逆時針方向繞地球旋轉。但是人們很早就發現，很多行星的旋轉方向經常會突然變成順時針。這種行星旋轉方向突然改變的現象，就是所謂的行星逆行。這對早期的地心說來說，可謂是致命一擊。

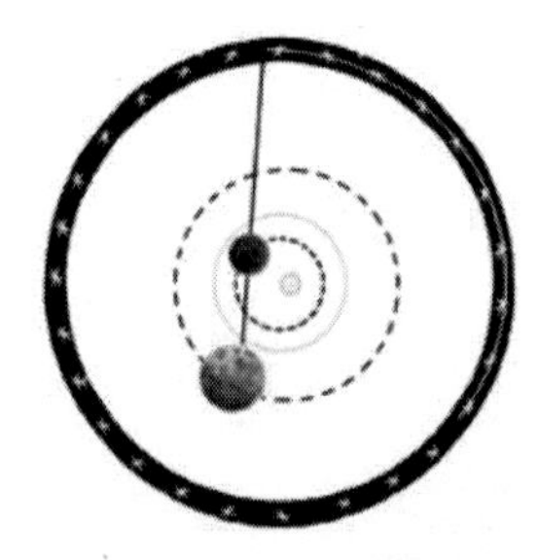

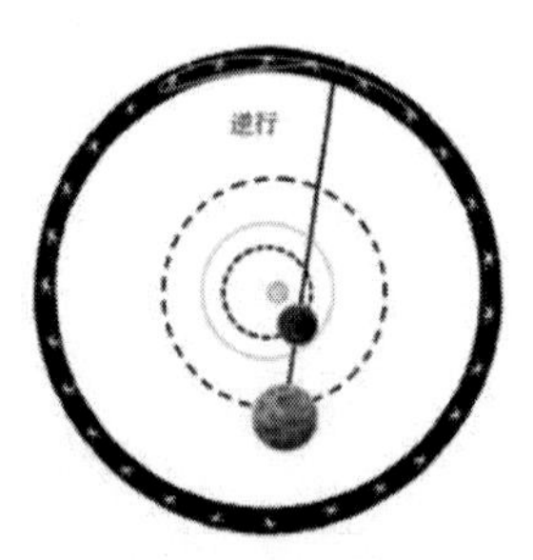

所以，就有了一群反對地心說的人。其中的代表人物，是古希臘天文學家阿里斯塔克斯（Aristarchus）。

阿里斯塔克斯的理論源於一個哲學命題。他認為，世界的本源是火。既然火是萬物的本源，那麼火一定得位於全宇宙最重要的位置，也就是中心。所以，宇宙的中心一定是太陽。這就是日心說的起源。

圖 2 就展示了日心說的基本架構。太陽位於宇宙的中心。在太陽的周圍還有 6 個圓形軌道，相當於城市的 6 環：依照從內到外的順序，依次是水星、金星、地球、火星、木星和土星。這 6 顆行星都在各自的圓形軌道上，沿著相同的逆時針方向繞太陽旋轉。而在 6 環之外，則是一個散布著各種星星的大天球。

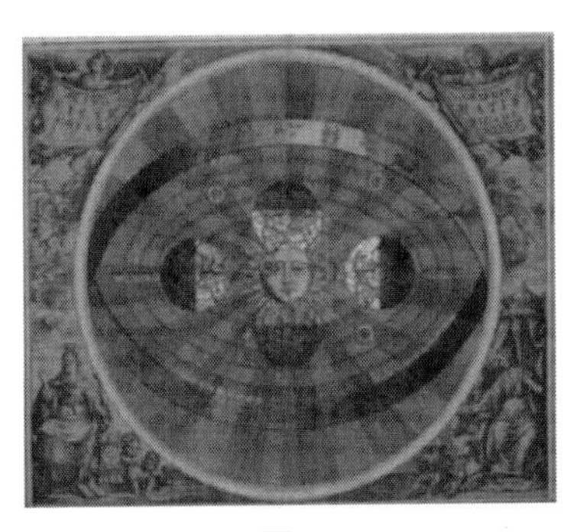

圖 2

與地心說相比，日心說最大的優勢是它可以很輕鬆地解釋行星逆行的現象。所以儘管阿里斯塔克斯遠遠不如亞里斯多德大牌，日心說依然與地心說分庭抗禮了將近 500 年。

直到西元 140 年，一個超級天才的橫空出世，才徹底打破了地心說和日心說之間的平衡。此人就是古羅馬帝國大天文學家克勞狄烏斯 · 托勒密（Claudius Ptolemaeus）。

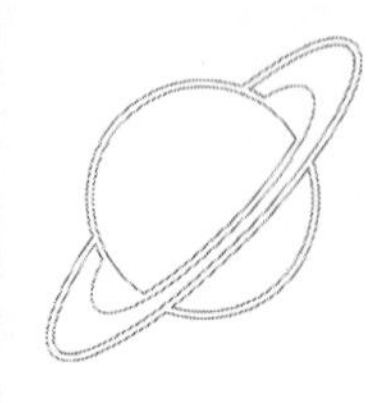

1 日心說和地心說

托勒密為什麼能打破地心說和日心說之間的平衡呢？答案是，他修改了最早期的地心說，從而破解了地心說無法解釋行星逆行現象的世紀難題。

為了介紹托勒密的理論，我要拿一個在現實世界裡很常見的事物來對比，那就是遊樂園裡的旋轉咖啡杯。

一般而言，旋轉咖啡杯的中心會有一個茶壺。在茶壺的周圍會有一個大圓的軌道，上面分布著一些圓形的咖啡杯。除了能繞茶壺旋轉以外，咖啡杯自己也可以旋轉。當機器發動以後，遊客會坐在咖啡杯的邊緣，既繞著茶壺的大圓軌道旋轉，又繞著咖啡杯的小圓軌道旋轉。

托勒密的解決之道和這個旋轉咖啡杯的圖形非常類似。他認為，地球並不在宇宙的正中心，而是與真正的中心有一個很微小的偏離。更關鍵的是，包括金星、水星、火星、木星、土星在內的五顆行星，都像是乘坐旋轉咖啡杯的遊客：首先，行星會在一個叫本輪（epicycle）的小圓上旋轉，就像是咖啡杯的小圓軌道；然後，本輪圓心又會在一個叫均輪（deferent）的大圓上旋轉，就像是茶壺的大圓軌道。因此，行星的運動軌跡是由本輪和均輪這兩個圓周運動組合而成的。

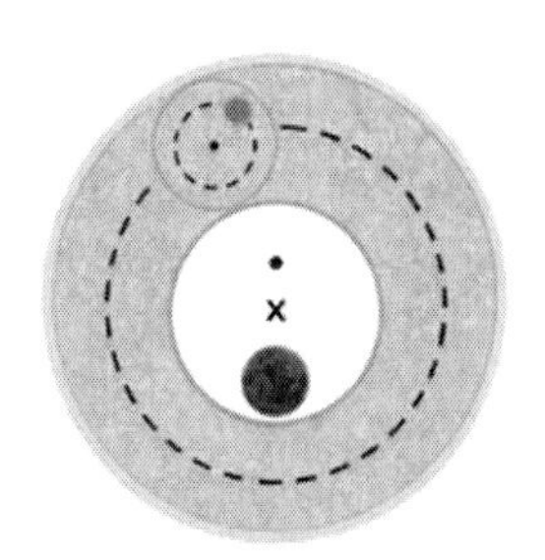

只要導入這個類似於旋轉咖啡杯的本輪 - 均輪體系，就會讓行星的運動軌跡變得更複雜。此外，這個本輪 - 均輪體系還可以不斷地拓展。例如，你可以把原來的本輪視為一個新的均輪（相當於把原來的咖啡杯當成新的茶壺，即第 2 層均輪），然後在它周圍畫更小的本輪（即第 2 層本輪）。也可以把第 2 層本輪當成第 3 層均輪，然後在它周圍畫第 3 層本輪。隨著層數的不斷增加，行星的運動軌跡就會變得越來越複雜。這樣一來，行星逆行的現象就很容易解釋了。

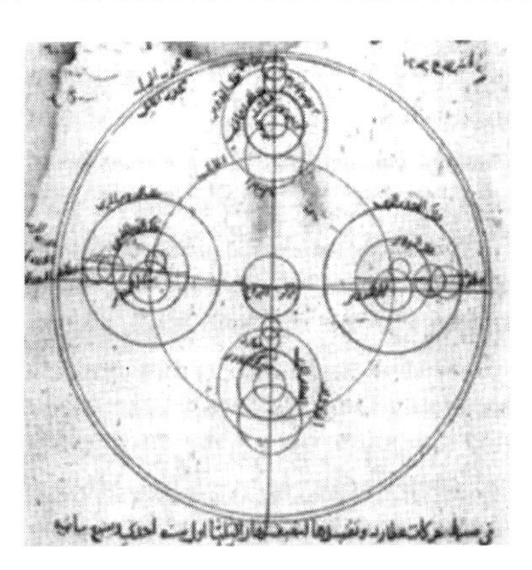

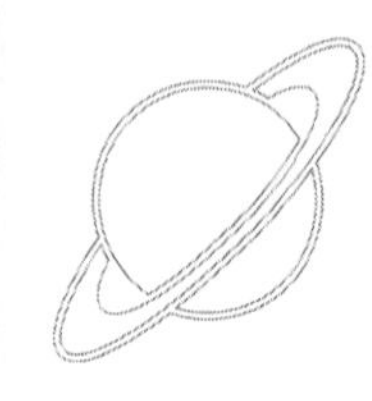

簡單地總結一下。透過引入類似於旋轉咖啡杯的本輪 - 均輪體系，托勒密在地心說的理論框架下，成功地解決了行星逆行的世紀難題。這樣一來，經過托勒密改良的地心說（地球很靠近宇宙的中心，月球和太陽還是以圓形軌道繞地球旋轉，五顆行星則位於多層巢狀的旋轉咖啡杯上），就一舉擊敗了與自己纏鬥數百年的日心說。

而到了 13 世紀，一個叫多瑪斯 · 阿奎那（Thomas Aquinas）的神學家讓地心說的地位更上一層樓。他把地心說融入天主教神學體系中。一旦質疑地心說，就相當於質疑天主教本身。這樣一來，地心說就一統天下了。

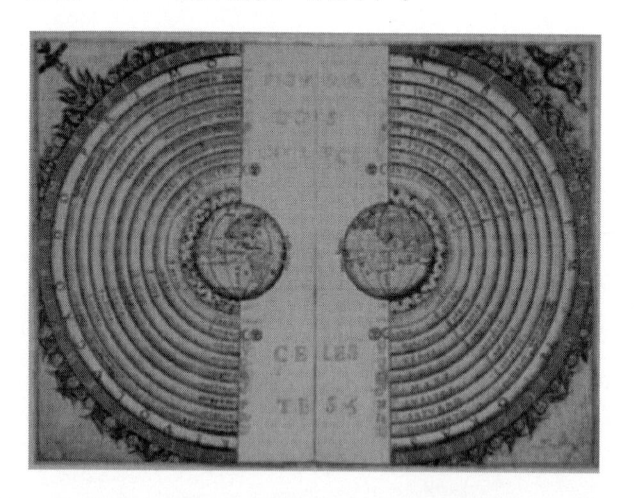

但 300 年後，另一個人的出現，讓勝負的天平再次發生了偏移。此人就是波蘭大天文學家哥白尼。1543 年，他出版

了一本宣揚日心說的書，叫《天體運行論》（*De revolutionibus orbium coelestium*）。正是這本書，讓被遺忘了 1400 多年的日心說死灰復燃。

有趣的是，這本書其實差點就被哥白尼帶進墳墓。

這是因為哥白尼的本職工作是一名天主教教士，所以他心裡很清楚，公開宣揚日心說會得罪整個天主教會。因此，儘管他在 40 歲的時候就已經開始在一個小圈子裡宣揚自己的理論，卻始終不肯著書出版。

那這本書後來為何又出版了呢？是因為一個不速之客——奧地利數學家萊提克斯（Georg Rheticus）。

1539 年，萊提克斯得知哥白尼改良後的日心說，頓時覺得醒醐灌頂。於是，他專門跑到波蘭去找哥白尼，想遊說哥白尼著書出版此理論，結果卻吃了閉門羹。

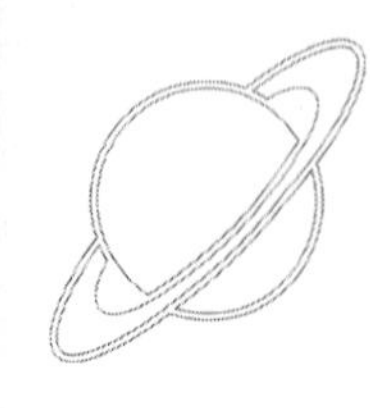

但萊提克斯鍥而不捨。此後兩年多的時間，他就像塊牛皮糖，死死黏住了哥白尼，反覆遊說哥白尼一定要著書立說。最後，哥白尼終於招架不住，交出了《天體運行論》的書稿。

拿到書稿以後，萊提克斯就開始尋找願意資助出版此書的出版商。一年後，他找到了一個願意出錢的出版商。一切終於走上了正軌。

由於在《天體運行論》中有大量的公式和圖表，需要有一位專家來做此書的編輯，以確保內容的準確性。萊提克斯做了半年的編輯工作。但他後來有急事，不得不中途離開。臨走前，萊提克斯找了個繼任者，叫奧西安德（Andreas Osiander）。

既荒誕又搞笑的事情來了。

奧西安德接手了編輯工作以後才發現，這本書竟敢公然反對地心說，頓時覺得自己上了一條賊船。為了避免池魚之殃，他幹了一件今天的編輯連想都不敢想的事情：瞞著哥白尼和萊提克斯，偽造了一篇前言，宣稱此書「並不是一種科學的事實，而是一種富於戲劇性的幻想」。

不過這個偽造前言的惡行並沒有受到追究。因為當此書正式出版的時候，哥白尼已經去世了。

很多中小學科學讀物講到這段歷史的時候，都會說：

「哥白尼提出的日心說一舉打破了地心說的統治地位，實現了天文學的偉大變革。」

這個說法是錯的。

在哥白尼重新提出日心說後的大半個世紀裡，地心說的地位依然堅如磐石。直到 17 世紀初，兩個科學巨人的橫空出世，才讓勝利的天平倒向日心說。

先講講日心說為何遲遲得不到學術界的認可。原因在於，它無法解釋火星的軌道異常。

按照日心說的觀點，太陽位於宇宙的中心；其他的行星，都沿著圓形軌道繞太陽公轉。但人們後來發現，火星的運動軌道相當詭異，並不是一個完美的圓。哥白尼本人也意識到了這個問題。無奈之下，他引入了托勒密的本輪 - 均輪體系，把火星也放在一個「旋轉咖啡杯」上。但這樣一來，日心說就失去了它相對於地心說的最大優勢：數學上簡單明瞭。

破解這個難題的是我們要講的第一個科學巨人 —— 德國大天文學家約翰尼斯 · 克卜勒（Johannes Kepler）。

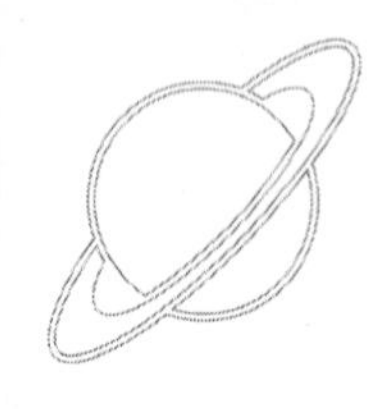

1 日心說和地心說

克卜勒被後人稱為「天上的立法者」。他之所以有這樣的盛名，是因為他在 17 世紀初提出了著名的「行星運動三定律」。在這三條定律中，最具顛覆性的是第一定律。它說的是，行星繞太陽公轉的軌道並不是圓，而是橢圓。這就解釋了火星的軌道異常。因為火星繞太陽旋轉的軌道，正是橢圓。

克卜勒的發現讓日心說有了和地心說平起平坐的實力。但要想真正打敗地心說，必須發現一種特殊的自然現象——地心說無法解釋，而日心說卻可以的自然現象。

發現這種自然現象的人，就是我們要講的第二個科學巨人，此人就是被後人稱為「現代科學之父」的伽利略（Galileo）。

伽利略發現這種自然現象的故事，得從一個不相干的人講起。

1608 年，一個荷蘭眼鏡店老闆偶然發現用兩塊前後放置的鏡片可以看清遠處的物體，進而造出了人類歷史上的第一架望遠鏡。這個消息傳到了義大利，立刻引起了伽利略的濃厚興趣。

1609 年，伽利略製造了一個品質更好的望遠鏡，能把遠處的物體放大 30 多倍。然後，他做了一件意義非凡的事情：把這個望遠鏡指向了太空。

這個舉動，宣告了現代天文學的誕生。

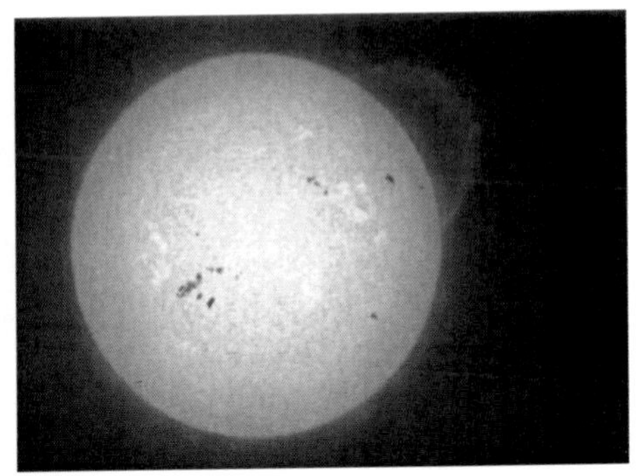

伽利略第一次用望遠鏡仰望太空的心情，應該和阿里巴巴第一次看見滿山洞財寶的心情差不多。用這個望遠鏡，他發現了很多人類前所未見的景象，比如太陽黑子、月球撞擊坑和木星衛星。其中最有影響力的發現，直接導致了地心說的衰落和日心說的崛起，那就是金星盈虧。

什麼是金星盈虧呢？我們不妨用月球盈虧來做一下類比。

相信很多人都知道，月球是有盈虧的。為什麼月球會有盈虧呢？因為月球本身不發光，只能反射太陽光。由於月球一直在繞地球旋轉，它既能跑到地球和太陽之間，也能跑到地球的背後。如果月球跑到了地球和太陽之間，它就會把後面射來的太陽光擋住，讓我們無法看到它，這就是月球的「虧」；如果月球跑到了地球的背後，它就可以完全地反射太陽光，讓我們看到一輪圓月，這就是月球的「盈」。

與月球不同的是，金星無法跑到地球的背後。不過，它有可能跑到太陽的背後。如果金星跑到了地球和太陽之間，它就會擋住後面射來的太陽光，讓我們看不到它，這就是金星的「虧」；如果它跑到太陽的背後，就可以完全地反射太陽光，讓我們看到一個最圓最亮的金星，這就是金星的「盈」。

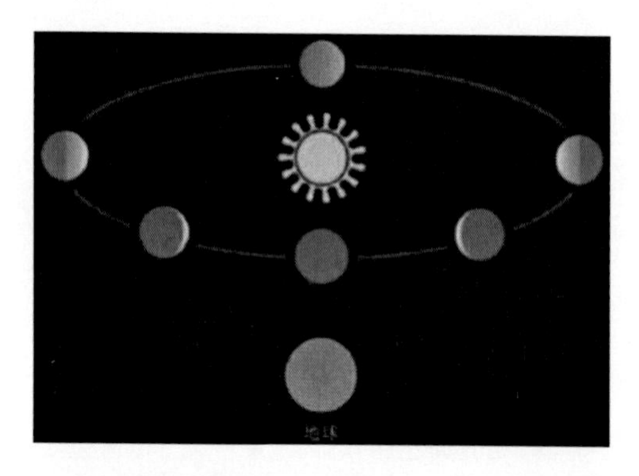

知道了金星盈虧的概念，我們就可以來講講如何判斷地心說和日心說的對錯了。問題的關鍵在於，金星到底是繞地球旋轉還是繞太陽旋轉。

天文觀測顯示，金星一直都在太陽周圍活動。在地心說中，金星一直在繞地球旋轉；要想解釋金星總在太陽周圍活動的觀測結果，金星和太陽就必須以差不多的角速度繞地球旋轉。在這種情況下，金星就只能一直處於地球和太陽中間，永遠不可能出現「盈」的狀態。

而在日心說中，金星一直繞太陽旋轉，所以能自然而然地解釋為什麼金星總在太陽周圍。更重要的是，在這種情況下，金星也可以跑到太陽的背後，從而出現「盈」的狀態。

從地心說和日心說最本質的區別來看，在地心說中，金星繞地球旋轉，因此只能「虧」不能「盈」；而在日心說中，金星繞太陽旋轉，因此既能「虧」又能「盈」。這樣一來，透過觀察金星能否出現「盈」的狀態，就可以判斷它到底繞著誰旋轉，進而判斷地心說和日心說的對錯。

1610 年，伽利略用他自製的望遠鏡，真真切切地看到金星確實出現了「盈」的狀態。在一封寄給朋友的信中，伽利略富有詩意地寫道：「愛之母（金星）正在效仿辛西婭（月亮女神）的風姿。」同一年，他把這個發現寫進了自己的傳世名著《星際信使》（*Sidereus Nuncius*），敲響了地心說的喪鐘。

打敗地心說後，日心說就成了天文學界的經典理論；它的統治，一直延續到了 20 世紀初。

以今天的眼光來看，日心說的錯誤也是很明顯的：宇宙的中心，當然不可能是太陽。那麼，為什麼今天看來錯誤相當明顯的日心說，卻能繼續統治天文學界長達 300 年？

欲知詳情，請聽下回分解。

2 天文測距簡史

2 天文測距簡史

上節課的結尾，我們提出了這樣一個問題：為什麼今天看來錯誤明顯的日心說，卻能統治天文學界長達 300 年？要想回答這個問題，我必須先講講人類在 20 世紀以前測量遙遠天體距離的歷史。

圖 3 就展示了 20 世紀前的天文距離測量的核心歷史。簡單地說，人類實現了「三級跳」：其中的一級跳，是利用幾何學的知識，測出了地球的直徑；而二級跳，是以地球直徑為尺，透過觀察金星凌日現象，測出了太陽和地球的距離（即日地距離）；至於三級跳，是以日地距離為尺，基於三角視差方法，測出了更遙遠的恆星的距離。

聽起來是不是有點兒雲裡霧裡？那我接下來就詳細地介紹一下。

先說一級跳：如何測出地球的直徑。

要測地球的直徑，就相當於要測地球的周長。那麼，地球的周長該怎麼測量呢？

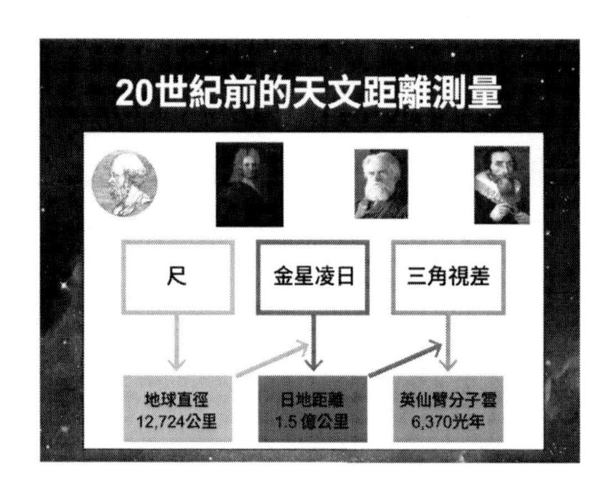

圖 3

按常理來說，這根本就是個不可能完成的任務。因為地球表面 70%的區域都被海水覆蓋。由於海洋的阻隔，根本不可能沿地球赤道走一圈，拿尺量出地球的周長。

不過，有人想出了一個另闢蹊徑的妙招：先用尺量出地球表面一段圓弧的長度，再想辦法確定這段圓弧對應的圓心角（如下圖所示）。這樣一來，就能確定這段圓弧相對於地球周長的比例，進而算出地球的周長和直徑。

世界上第一個準確測出地球周長和直徑的人，是古希臘大哲學家埃拉托斯特尼（Eratosthenes）。

埃拉托斯特尼被後世稱為「地理學之父」。像經度和緯度的概念，就是由他最早提出的。

但即使是這樣的頂級「大佬」，早年過得也不是很如

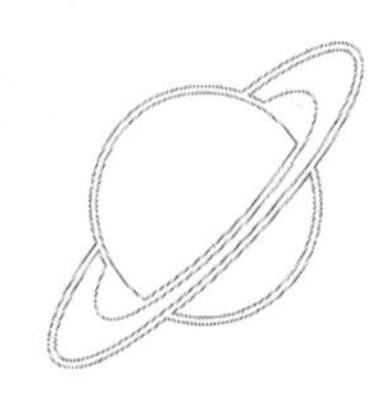

意。在前半生，他一直被別人叫做「千年老二」。這是因為有個人樣樣都比他厲害。此人就是宣稱「只要給我一個支點，我就能舉起整個地球」的阿基米德（Archimedes）。

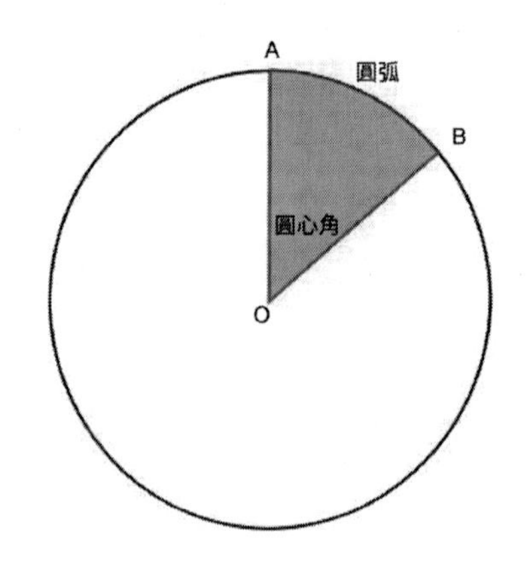

眼看自己沒有鬥過阿基米德的希望，埃拉托斯特尼選擇了遠走他鄉。他接受了埃及國王托勒密一世的邀請，跑到埃及做了亞歷山卓圖書館的館長。

托勒密一世希望，能在有生之年看到亞歷山卓圖書館變成全世界最大的圖書館。這並不是一件簡單的事。因為當時的亞歷山卓圖書館與雅典的圖書館還有很大的差距。

埃拉托斯特尼用一種很奸詐的手段，完成了托勒密一世的夙願。他先向雅典的圖書館付了一大筆錢，把它的大量藏書都借到埃及展覽。然後，他又找了一大批館員來抄寫藏書副本。這些副本模仿得特別好，幾乎達到了以假亂真的程度。所以，最後還書的時候，埃拉托斯特尼就只還了這些藏書的副本，而把真品留在了自己的圖書館裡。靠著這樣的手段，亞歷山卓圖書館很快成了當時全世界最大的圖書館。

在當館長之餘，埃拉托斯特尼也會利用圖書館的資源進行學術研究。他一生中最有名的研究工作，就是對地球周長的測量。他是怎麼測量的呢？答案是，用到了一口特殊的井。

埃及南部有一個叫賽伊尼的城市。這個城市有一口有名的深井：在夏至日的正午時分，太陽光恰好能直射到這口深井的井底（之所以會有這樣的現象，是因為這口井恰好位於北回歸線上）。這個現象很有名，每年夏至日都能吸引到不少的遊客。埃拉托斯特尼發現，它還能用來測量地球的周長。

聽起來好像有點不知所云？其實只要用一點簡單的幾何學知識，就可以把它說清楚。

圖 4 就是埃拉托斯特尼測量地球周長的原理圖。此圖展示了夏至日的正午時分，太陽光照射埃及的情況。

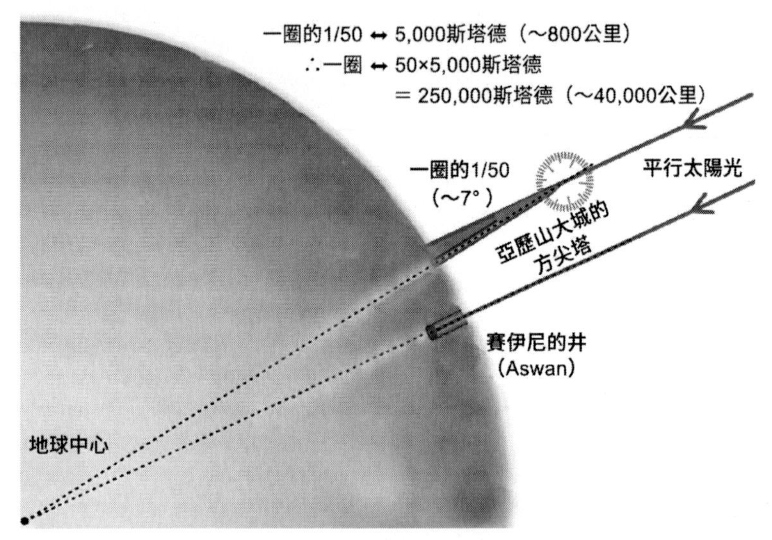

圖 4

圖 4 中的紫色圓柱就是賽伊尼的那口深井。前面說過，在夏至日的正午時分，紅色平行線所代表的太陽光可以直射到這口深井的井底。這意味著，這束直射井底的太陽光恰好可以穿過地球的球心。在同一時刻，埃拉托斯特尼在亞歷山大城測量一個很高的方尖塔（即橙色長條）的陰影長度，並以此算出這個方尖塔與太陽光之間的夾角（即綠色夾角）約為 7.2°。利用幾何的知識，就可以知道這個夾角恰好等於賽伊尼和亞歷山大城之間的那段圓弧相對於地球球心的圓心角。因為環繞地球一圈的圓弧角度是 360°，所以這兩座城市之間的距離約為地球周長的 1/50。

知道了賽伊尼和亞歷山大城之間的圓弧占整個地球周長的比例後，接下來就只需量出這段圓弧的長度（即賽伊尼的井和亞歷山大城方尖塔之間的距離）。為此埃拉托斯特尼專門派出了一支商隊，用尺子一點點地量出兩地之間的距離約為 5,000 斯塔德（1 斯塔德 =157 公尺）。由此可以算出，地球的周長約為 250,000 斯塔德。

古埃及人的 1 斯塔德，相當於現代人的 157 公尺。所以埃拉托斯特尼的測量結果，相當於今天的 39,250 公里。拿它和今天的結果對比一下。根據地球衛星的測量結果，地球的周長是 40,076 公里。換言之，埃拉托斯特尼在 2,200 多年前測出的地球周長與今天最精確的測量結果，只有區區 2%的誤差。

一旦知道地球周長，就可以算出地球直徑，大概是 12,724 公里。這樣一來，人類就完成了天文距離測量的一級跳。

再說二級跳：如何測出日地距離。

很明顯，日地距離就更不可能用尺直接測量了。所以，同樣得另闢蹊徑，用幾何學的辦法，算出太陽和地球之間的距離。

最早想到這個辦法的人，是英國著名天文學家艾德蒙·哈雷（Edmond Halley）。

哈雷是一個典型的少年天才。19 歲那年，還在讀大學的哈雷就成了英國首任皇家天文學家約翰·佛蘭斯蒂德（John Flamsteed）的助手。在佛蘭斯蒂德的資助下，哈雷跑到南大西洋的一個小島上，建立了南半球的第一個天文臺。隨後，他在那裡繪製了全世界第一張南天星表，並因此當選為皇家學會院士。那一年，哈雷只有 22 歲。

哈雷後來又做出了一大堆傑出的貢獻。例如，他算出了哈雷彗星的軌道，並預言它每隔 76 年就會回歸一次；他也製作了世界上第一張氣象圖，發明了世界上第一個潛水鐘，還寫了世界上第一篇關於人壽保險的論文。

而對天文學影響最深遠的，是他在 1716 年發表的一篇論文。在這篇論文中哈雷指出，透過對金星凌日的仔細觀察，就可以測出地球與太陽間的距離。

什麼是金星凌日呢？為了便於理解，我還是用月球來進行類比。我們知道，月球有時能跑到地球和太陽的中間，擋住太陽光射向地球的路線，這就是日食。同樣的道理，金星有時也能跑到地球和太陽的中間。

這時在地球上觀測，就可以看到一個小黑點在太陽表面緩慢地穿行。一般來說，這個小黑點要花幾小時才能通過太陽的表面。這個現象就是「金星凌日」。

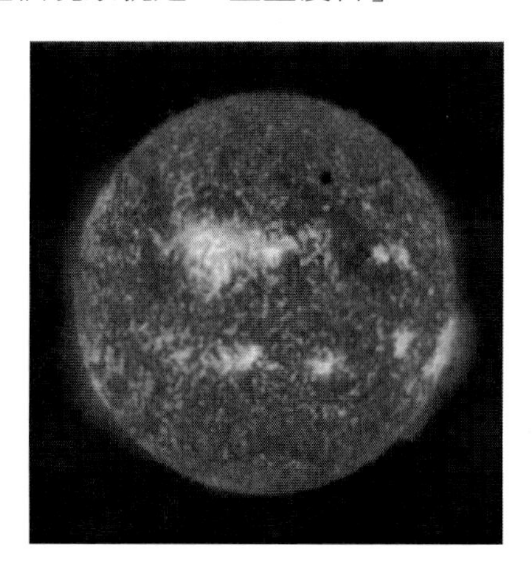

知道了什麼是金星凌日，我們就可以看圖說話，來講講用金星凌日測量日地距離的原理圖了。

圖 5 中左邊的黃色大球代表太陽，右邊的藍色小球代表地球，太陽與地球之間的黑色圓點代表金星。

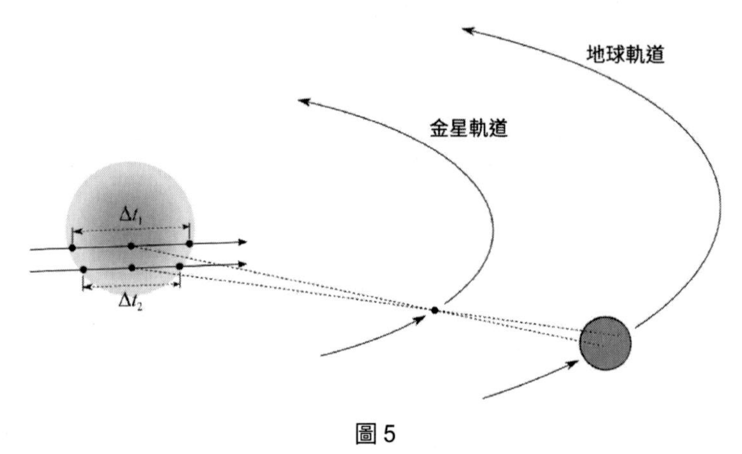

圖 5

哈雷指出，要測量日地距離，可以透過在地球上兩個經度相同而緯度不同（最好緯度相差較大）的地點同時觀測金星凌日。從圖 5 可以看到，在這兩地看到的金星凌日的軌跡（即太陽上的兩條黑色實線）並不相同，因此在這兩地測出的金星凌日持續時間會出現一定的差異。透過比較兩者之間的時間差，能算出金星與地球上這兩地所構成的等腰三角形的頂角。知道了這個頂角，再利用地球直徑和兩地緯度算出這兩地之間的距離，就可以知道地球與金星之間的距離。

知道了地球與金星之間的距離，再利用克卜勒行星運動第三定律（即行星運動週期的平方與其橢圓軌道半長軸的立方成正比），就能算出日地距離了。

哈雷以一己之力，提出了利用幾何學和金星凌日測量日地距離的方法。那接下來，就該好好觀測金星凌日了。

但問題在於，金星凌日是一種極為罕見的天文現象。它總是成對出現，且兩次金星凌日之間總是相隔 8 年。如果這兩次金星凌日都沒趕上，那就只能再等 100 多年，才能看到下一對的金星凌日。

1761 年，也就是哈雷去世的 19 年後，天文學家終於等到了觀測金星凌日的機會。但遺憾的是，由於攝影技術的局限，並沒有人能夠測出日地距離的準確值。

又過了 100 多年，終於有人完成了精確測量日地距離的壯舉。此人就是美國天文學家西蒙．紐康（Simon Newcomb）。

1882 年，紐康組織了 8 支科學考察隊，分赴世界各地，來觀測當年發生的

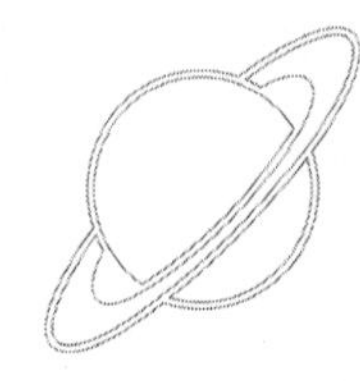

金星凌日。紐康整合這 8 支考察隊的數據，成功測出日地距離應為 1.4959 億公里。這個 100 多年前測出的數值，與今天的測量結果相差無幾。

現在天文學界普遍接受日地距離約為 1.5 億公里。這個距離，也被稱為一個天文單位。

由此，人類完成了天文距離測量的二級跳。

最後說說三級跳：如何透過三角視差法，測量更遙遠天體的距離。

什麼是視差呢？為了更容易理解這個概念，我們不妨做個小實驗。先伸出一根手指，放在靠近鼻子的地方；然後輪流閉上左右眼，每次都只用一隻眼睛來看手指。你會發現，手指相對於背景的位置發生了很明顯的偏移。這種由於觀察者位置改變而導致被觀察物體位置發生偏移的現象，就是視差。

現在把手指放在比較遠的地方，重複這個實驗。你會發現，將手指放遠以後，它相對於背景的位置偏移會變小。反過來說，被觀察物體的視差越小，它離我們的距離就越遠。

順帶一提，電影院裡放的 3D 電影之所以能呈現出立體感，就是利用了視差的原理。

知道了什麼是視差，我們就可以講講如何用三角視差法測量遙遠天體的距離了。圖 6 就是三角視差法的原理圖。

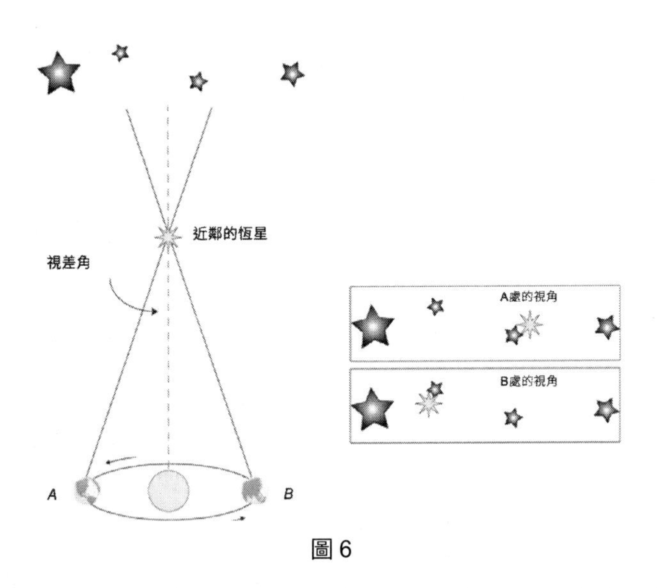

圖 6

我們知道，地球每年會繞太陽轉一圈。如果地球在某個時刻運動到圖中的 A 點，那麼半年之後它就會到達離 A 點最遠的 B 點。現在把 A 點和 B 點當成是一個人的左眼和右眼，然後分別在這兩個地方觀察一顆遠處的星星。很明顯，由於視差的緣故，這顆星星在遙遠天幕上的位置會發生改變。利用這個位置的改變，能算出此星星與 A、B 兩點所構成的等腰三角形的頂角，也就是所謂的週年視差角。這樣一來，只要知道了日地距離，就能知道 A、B 兩點的間距；而用 A、B 兩點的間距除以該星星的周年視差角，就可以算出我們到這顆星星的距離。

這種以日地距離為尺，並用幾何學知識測量遙遠天體距離的方法，就是三角視差法。在 20 世紀以前，這是人類所知最強大的測量遙遠天體距離的方法。

但遺憾的是，三角視差法依然是一種能力非常有限的測距方法。

舉個例子，2006 年，4 位天文學家在《科學》雜誌上發表了一篇論文。他們用三角視差法測量了地球與銀河系英仙臂（Perseus Arm）中的一團分子雲的距離，結果是 6,370 光年（1 光年 $=9.46\times10^{12}$ 公里，也就是說，要想從地球去那裡，就連光也要走 6,370 年）。這個發現，在當時締造了用三角視差法測到的最遠距離的紀錄。換句話說，這幾乎就是三角視差法的測距能力極限。

我們現在已經知道，在 20 世紀以前，為了測量遙遠天體的距離，天文學界進行了三級跳，最遠可以跳到 6,000 多光年。但問題是，我們生活的這個銀河系，其直徑至少有 10 萬光年！

現在終於可以回答本節課開頭提出的那個問題了：為什麼今天看來錯誤明顯的日心說，卻能統治天文學界長達 300 年？答案是，就連人類當時所知的最強大的天文測距方法，也完全不具備測量整個銀河系的能力。所以，人類就陷入了「不識廬山真面目，只緣身在此山中」的困境。

正因為如此，一直到 20 世紀初，人類都普遍相信：銀河系就是宇宙的全部，而太陽就位於宇宙的中心。

要想突破這個困境、打破哥白尼日心說的禁錮，就必須找到一種全新的天文測距方法，來得以測量更遙遠的天體的距離。

是誰找到了全新的天文測距方法？又是誰敲響了哥白尼日心說的喪鐘？

欲知詳情，請聽下回分解。

3 標準燭光

3 標準燭光

上節課的結尾，我們提出了這樣一個問題：是誰敲響了哥白尼日心說的喪鐘？

在回答這個問題之前，我想先講一個故事。

1920 年，美國政府在麻薩諸塞州的劍橋郡進行了一次人口普查。有個人口普查員負責劍橋郡一個比較貧窮的地區。在那裡，他遇到了一對相依為命的母女。

比較特殊的是那個女兒，因為她是一個聾女，費了好大勁才弄清人口普查員的來意。不過，她後來一直都很配合。

最後，她被問到自己目前從事什麼職業。她的回答是「科學家」。

那個人口普查員當時就笑出聲了。在那個年代的美國，科學家完全是男人的專屬領地，幾乎沒有女性能夠拿到博士學位。所以他根本無法想像，一個住在貧窮社群的聾女，竟然還能當科學家。

但這個人口普查員不知道的是，他嘲笑的這個聾女，不但確實是一位科學家，還是人類歷史上最偉大的女性科學家，沒有之一。

這個聾女叫亨麗埃塔·勒維特（Henrietta Leavitt）。她就是本節課一開頭那個問題的答案。

本書的其他章節都會同時介紹好幾位科學家。因為科學的進步，往往都是由多位科學家共同推動的。但本章節是個特例。因為在本章節中，只有勒維特一個人的故事。

勒維特的故事得從一場災難講起。1892 年，剛剛大學畢業的勒維特，按照美國當時的傳統，坐船前往歐洲，開始了自己的畢業旅行。

可惜天有不測風雲。在這場旅行中，一場突如其來的大病讓她的視力和聽力嚴重受損。雖然她的視力後來得到了好轉，但是她的聽力卻每況愈下，直至最終失聰。在此後近 30 年的時間裡，她一直處於體弱多病的狀態。

由於這場大病，旅行歸來的勒維特無法找到合適的工作。幸好，她拿到了自己大學一位教授的推薦信，成為了哈佛大學天文系的一名碩士研究生。而她的導師，是哈佛大學天文臺臺長愛德華·皮克林（Edward Pickering）。

皮克林當時在做一個大專案。他想釐清天上的恆星有哪些種類。為此，他組建了一支完全由女性構成的研究團隊（先後有 80 多位女性加入過這個團隊）。她們被後人稱為哈佛計算員。

1893 年，勒維特也成了哈佛計算員中的一員。

不幸的是，勒維特糟糕的健康狀況嚴重拖累了她的學業。由於體弱多病，她隔三岔五就得請病假，這讓她的研究工作變得支離破碎，總是無法完成皮克林指派的任務。在苦苦度過 3 年以後，1896 年，意識到自己已經不可能完成學業的勒維特選擇了放棄。她離開了哈佛大學天文臺，這一走就是 6 年。

這 6 年內發生了什麼，我們已經無從得知了。我們只知道，1902 年，勒維特給皮克林寫了一封信，說自己的處境很艱難：失聰的緣故，她已經找不到其他工作了。因此，她懇求皮克林，讓自己重回哈佛大學天文臺。皮克林還算好心人，答應了。

但是這回，皮克林覺得，體弱多病的勒維特肯定會拖慢自己團隊的研究進度。所以，他就沒讓勒維特參與最重要的恆星分類工作，而派她一個人去研究造父變星（Cepheid）。

造父變星是一種非常特殊的恆星。它能像心跳似的，發生週期性的膨脹收縮，以及週期性的明暗交替。最典型的造父變星是仙王座 δ，中國古人管它叫造父一。這就是它中文名字的由來。

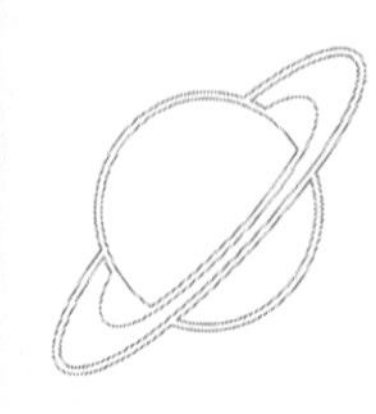

3 標準燭光

在 20 世紀初，人類連最簡單的天上恆星的種類都搞不清楚，就更別提異常複雜的造父變星了。所以在那個年代，派一個人單槍匹馬地去研究造父變星，無異於學術上的流放。

現在，讓我們暫停一下，來回顧勒維特前半生的電影：由於體弱多病、身心俱疲，她被迫放棄碩士學業，一走就是 6 年；然後，又由於雙耳失聰、家道中落，她迫於生計，不得不重返傷心地；最後，她受到老闆嫌棄，直接被發配邊疆。

為什麼要在這裡暫停？因為這是我們與平凡女子勒維特的最後一面。電影重啟之後，她將王者歸來。

誰也沒有料到，勒維特竟是一個搜尋造父變星的頂尖高手。從 1904 年開始，她就以令人瞠目結舌的速度不斷發現新的造父變星。以至於有天文學家專門致信皮克林：「勒維特小姐是尋找變星的高手，我們甚至來不及記錄她的新發現。」

1908 年，勒維特發表了一篇論文，宣布自己在麥哲倫星雲中，找到了 1,777 顆造父變星（在此之前，人們找到的造父變星總數只有幾十顆）。這個驚人的數字立刻引起了轟動。《華盛頓郵報》還專門對此進行了報導。

但這個驚人的數字及《華盛頓郵報》的報導，並不是我要給你講勒維特故事的理由。

我之所以要給你講勒維特的故事，是因為她在這篇論文的結尾，選了 16 顆位於小麥哲倫星雲的造父變星，並用一張表格列出了它們的光變週期（造父變星完成一輪明暗交替的時間）和亮度。此外，她還留下了一句評論：「值得關注的是，造父變星越亮，其光變週期就越長。」

4 年後，也就是 1912 年，勒維特又發表了一篇論文，完善了此結論（之所以拖了 4 年才發表論文，是因為她在此期間又大病一場）。她選了 25 顆位於小麥哲倫星雲的造父變星，把它們畫在了一張以亮度為 X 軸、以光變週期為 Y 軸的圖上。結果顯示，這 25 顆造父變星恰好能排成一條直線。勒維特據此做出結論：「造父變星的亮度與其光變週期成正比。」

3 標準燭光

為了理解這句看似乎淡無奇的話在天文史上的分量，你不妨想像一片被冰封了不知多少歲月的荒原，由於這句蘊含著巨大魔力的咒語，在轉瞬之間就綻放出數以億計的美麗花朵。

這句話後來被稱為勒維特定律。它開創了一個全新的學科 —— 現代宇宙學。

你可能會覺得奇怪了：「為什麼這麼簡單的一句話，能開創一個全新的學科呢？」答案是，它提供了一種全新的天文距離測量方法，那就是著名的「標準燭光」（standard candles）。

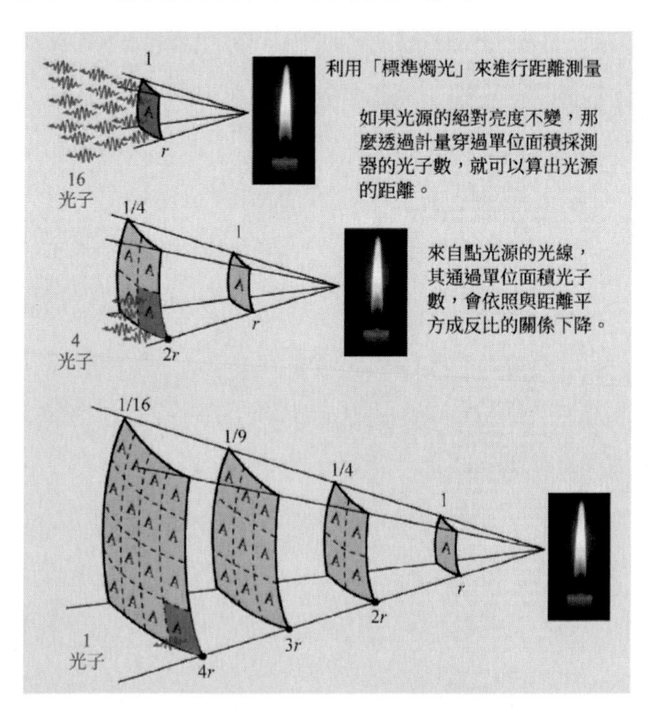

為了介紹標準燭光，讓我們從一個日常生活中很常見的現象說起。一根蠟燭，放在近處看就亮，放在遠處看就暗。那麼，蠟燭的亮度和我們與它的距離之間，到底有什麼關係呢？答案是，亮度與距離平方成反比。比如說，我們原本與蠟燭相距 1 公尺。如果退到 2 公尺處，亮度就會變成原來的 1/4；如果退到 3 公尺處，亮度就會變成原來的 1/9。依此類推。更重要的是，這個數學關係可以反著用。例如，我們站在一座山峰上，想測量它和另一座山峰之間的距離。在兩座山峰之間有一個大裂谷，根本就無法過去。那麼，怎麼才能測出兩者間的距離？

答案是，可以另找一個人，讓他拿著一根蠟燭，爬上對面的山峰。

然後，我們再觀測他手中蠟燭的亮度。如果亮度降為了原來的 100 萬分之一，就說明兩山之間相距 1,000 公尺；如果亮度降為原來的 1 億分之一，就說明兩山之間相距 10,000 公尺。

這意味著，蠟燭可以當作一種測量距離的工具。

這個用蠟燭來測量距離的原理，同樣可以用到天上。但是，一個天體要想被當成蠟燭，必須同時滿足以下兩個條件：（1）它必須特別明亮，即使相距甚遠也能看到；（2）它自身的亮度必須始終保持不變。這種能當蠟燭用的特殊天體，就是所謂的標準燭光。

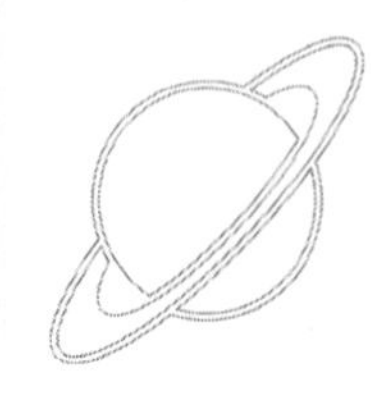

問題在於：能同時滿足這兩個條件、並被視為標準燭光的天體，實在是太少了。

知道了什麼是標準燭光，我們就可以介紹勒維特的科學貢獻了。

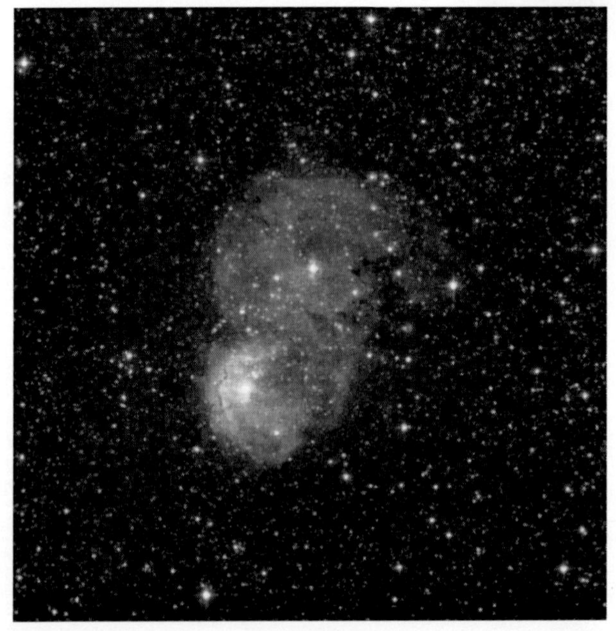

勒維特定律說的是，造父變星的亮度與其光變週期成正比（由於勒維特選出的那些造父變星全都位於小麥哲倫星雲內，可以認為它們與地球的距離都相等。這樣一來，就不用再考慮距離的因素了）。這意味著，只要選擇一批光變週期完全相同的造父變星，就可以得到一批自身亮度完全相同的天體。

這意味著，造父變星可以同時滿足標準燭光的兩大條件。所以，勒維特真正的發現是，造父變星是一種真正意義上的標準燭光，能夠用於天文距離測量。它也是人類歷史上發現的第一種標準燭光。

標準燭光的發現，為人類提供了一種全新的測量遙遠天文距離的方法。它把人類的天文測距能力，從 20 世紀以前的幾千光年，直接提升到了幾億光年。

由此，人類突破了銀河系的禁錮，把目光投向了整個宇宙。現代宇宙學也隨之誕生。

所以，勒維特被後世稱為「現代宇宙學之母」。她也是目前為止唯一一個能被稱為某個大學科之母的人。

悲哀的是，勒維特的故事並沒有一個圓滿的結局。

標準燭光的發現，讓皮克林意識到了勒維特的厲害。所以，他就給勒維特安排了一份新工作：研究北極星序。簡單地說，就是去觀測北極星附近的 96 顆恆星，然後對它們進行分類。

以今天的眼光來看，這個安排可謂荒唐透頂：相當於強迫正值當打之年的飛人喬丹放棄自己的籃球生涯，去參加一個業餘的棒球聯賽。它讓全世界對於變星測光的研究，倒退了至少 20 年。

而諷刺的是，儘管以一己之力開創了一門後來養活了數萬名科學研究人員的全新學科，勒維特卻完全沒得到任何世俗意義上的獎勵。沒有公開表彰，沒有教授職位，甚至沒有博士文憑。從始至終，她一直是一個薪水只有男人一半的普通計算員。

1921 年，勒維特又病倒了。這次，她患上了無藥可救的癌症。同年 12 月 12 日，勒維特在一個雨夜中離去。她留下遺囑，把剩下的所有財產都留給了與自己相依為命的母親。這些遺產包括 3 張債券和一些家具，價值合計為 315 美元，還不夠買 8 條地毯。

去世後的勒維特，被葬在了自己家族的墓地。由於貧窮，她甚至無法擁有一個單獨的墓碑，被迫和好幾個親戚擠在一起（見圖 7）。這個墓碑很小，位置只夠寫她的姓名、生日和忌日。

這就是標準燭光的發現者、哥白尼日心說的掘墓人、「現代宇宙學之母」、人類歷史上最偉大的女科學家最後的結局。

100 多年過去了，現在勒維特這個名字已經快被世人遺忘在歷史的塵埃裡了。但我依然想寫一篇悼文，來紀念這位非凡女性所經歷的種種苦難和榮耀。儘管經歷了病痛、失聰、貧窮、孤獨、被擺布、被輕視、被遺忘，她依然是照亮整個宇宙的永世不滅的燭火。

圖 7

勒維特憑一己之力提出了一種全新的天文距離測量方法，即標準燭光。標準燭光的出現，讓人類的天文測距能力，從 20 世紀前的幾千光年，一下提升到了幾億光年。正是利用標準燭光人類才發現，銀河系並不是宇宙的全部，而是宇宙中的一個小小的孤島。

那麼，人類是如何發現銀河系只是宇宙中的小小孤島的呢？

欲知詳情，請聽下回分解。

4 銀河系的大小

4 銀河系的大小

上節課的結尾，我們提出了這樣一個問題：人類是如何發現銀河系只是宇宙中的小小孤島的呢？

這個問題的背後，同樣有一段頗為曲折的歷史。

第一個登場的歷史人物，是美國著名天文學家哈羅·沙普利（Harlow Shapley）。

沙普利家境貧寒，剛讀完小學就被迫輟學。為了謀生，他打過很多零工，包括給一家鄉村小報當記者。後來，他重返校園以完成中學學業，並被密蘇里大學錄取。

由於當過記者，沙普利決定要攻讀新聞學的學士學位。但是入學那天他驚愕地發現，密蘇里大學新聞學院當年根本不招生。對其他專業一無所知的沙普利，決定按照英文字母的順序來選擇專業。他放棄了第一個專業 archaeology（考古學），因為他讀不準這個單字的音。所以，他就選擇了第二個專業 astronomy（天文學）。

大學畢業後，沙普利考上了普林斯頓大學的博士研究生，師從普林斯頓大學天文系第一位系主任、美國著名天文學家亨利．羅素（Henry Russell）。讀博期間，他知道了勒維特提出的標準燭光的概念，並為此深深著迷。

1914 年，博士畢業的沙普利被聘為威爾遜山天文臺研究員。在那裡，他以喜歡螞蟻而出名，因為他把業餘時間都用來觀察在混凝土牆上爬行的螞蟻了（沙普利發現，螞蟻的爬行速度與外界溫度關係密切，所以可以利用螞蟻來作溫度計）。

正所謂時勢造英雄。這個喜歡螞蟻的農家少年，正好趕上了天時、地利、人和。

天時是指，勒維特在兩年前發現造父變星是一種標準燭光，可以用來測量遙遠的天文距離。

地利是指，沙普利所在的威爾遜山天文臺，有一臺 1.5 公尺口徑的光學望遠鏡。當時，這是全世界最大、最先進的望遠鏡。

人和是指，沙普利得到了威爾遜山天文臺臺長喬治．海耳（George Hale）的大力支持。

有了天時、地利、人和，沙普利躊躇滿志。他決定利用這臺 1.5 公尺口徑的望遠鏡，來探測銀河系的結構。

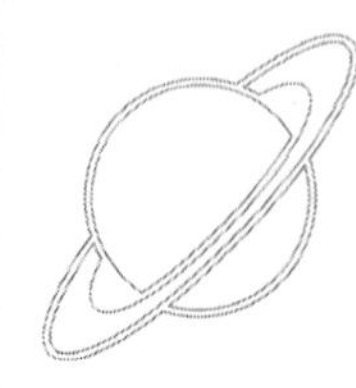

4 銀河系的大小

銀河系有好幾千億顆恆星，一顆一顆地數顯然是不現實的。所以，沙普利決定要探測銀河系的「骨架」，即球狀星團（globular cluster）。

球狀星團是由幾萬顆到幾百萬顆恆星構成的一種非常密集的球狀恆星集團（見圖 8）。目前，人類已經在銀河系中發現了 100 多個球狀星團。

圖 8

沙普利相信，球狀星團是銀河系的「骨架」，能反應銀河系的大小和形狀。因此，只要想辦法測出這 100 多個球狀星團到地球的距離，便能繪製出整個銀河系。

沙普利的測距工作，可以大致分為三個階段。

第一階段，在離地球最近的球狀星團中，尋找造父變星。只要能找到造父變星，就可以利用它們來確定最近的球狀星團的距離。

第二階段，在找不到造父變星的較遠的球狀星團中，尋找另一類變星，即「星團變星」。然後把星團變星也視為標準燭光（一種天體要是能被視為標準燭光，就可以利用其亮度與距離的平方成反比的關係，來進行天文測距），並用同時擁有造父變星和星團變星的球狀星團進行定標。這樣就可以用星團變星作量天尺，來確定較遠的球狀星團的距離。

第三階段，對於那些什麼變星都找不到的球狀星團，直接把整個球狀星團都視為標準燭光；然後再用相距較近且距離已知的球狀星團，來估算那些遙遠球狀星團的距離。

需要特別強調的是，沙普利第二階段和第三階段的距離測量其實並不準確。原因在於，無論是星團變星還是球狀星團，都不是真正的標準燭光；換句話說，用星團變星或球狀星團來測距，其實並不準確。不過，這些偏差，並不影響沙普利對銀河系形狀的最終繪製結果。

經過數年的努力，沙普利終於完成了對這 100 多個球狀星團距離的測量，繪製出了整個銀河系的骨架。他發現，太陽根本就不是銀河系的中心；銀河系真正的中心在人馬座方向，離我們至少上萬光年。

4 銀河系的大小

正是這個發現，宣判了哥白尼日心說的「死刑」。沙普利也因此揚名世界。

但是功成名就的沙普利，並沒有逃脫屠龍少年終成惡龍的宿命。沒過多久，他就成了一場世紀大辯論的反派人物。

為了更好地介紹這場世紀大辯論，我得先給你補充一些背景知識。

之前已經說過，在 20 世紀前，人類普遍相信銀河系就是宇宙的全部。

不過，也有人反對這幅宇宙圖像。他們相信，宇宙是一片浩瀚的大海，而銀河系只是漂浮在這片大海上的一座小小的島嶼。在銀河系之外，還有許許多多和它一樣大小的島嶼。這就是所謂的「島宇宙」（Island universes）理論。

「島宇宙」理論的代表人物之一，是德國大哲學家伊曼努爾·康德（Immanuel Kant）。

當時天文學家已經在銀河系邊緣發現了一些螺旋星雲（Helix Nebula），不過一直無法確定它們與地球相距多遠。康德就提出了一個大膽的猜想：這些螺旋星雲全是和銀河系一樣大小的島嶼。

但後來，人們發現這樣的螺旋星雲有不下 10 萬個。對那個年代的天文學家來說，想像在銀河系外還有 10 萬個與銀河系一樣大小的星系，完全是不可理喻。

所以，「島宇宙」理論就進了天文學界的冷宮，這一關就是 100 多年。

直到 1914 年，「島宇宙」理論才得以東山再起。那一年，美國天文學家維斯托·斯萊弗（Vesto Slipher）想到了一個好辦法，能精確測出螺旋星雲的運動速度（斯萊弗的辦法是本書第 6 節課的核心內容，到時會詳細介紹）。他測量了 15 個螺旋星雲，發現速度最快的兩個星雲，正以 1,100 公里 / 秒的超高速飛離地球。很難想像，銀河系內部的天體能達到如此恐怖的速度。

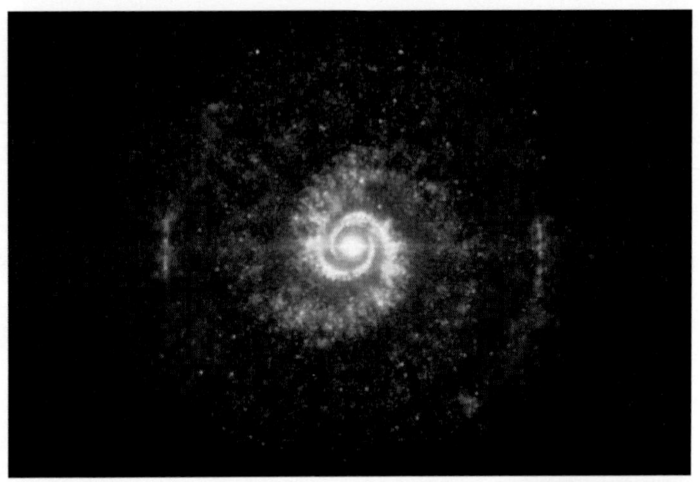

過了 3 年，又出現了支持「島宇宙」理論的新證據。美國天文學家希伯·柯蒂斯（Heber Curtis）在螺旋星雲中找到了不少新星（nova，新星就是突然出現在天空的明亮星星，中國古代稱為客星）。他把新星視為標準燭光，利用標準燭光亮度與距離的平方成反比的關係，對這些螺旋星雲的距離進行了測量。柯蒂斯的測量結果顯示：這些螺旋星雲與地球相距甚遠，遠超當時公認的銀河系直徑，即 3 萬光年。

但這些發現並沒有讓「島宇宙」理論成為天文學界的主流。其中最大的障礙，就是在本節課中最早出場的沙普利。他在繪製銀河系的時候算出，銀河系的直徑能達到驚人的 30 萬光年。所以他認為，這麼大的空間區域，足以裝下整個宇宙。

講完了背景知識，接下來我們就可以聊聊天文學的世紀大辯論了。

1920 年年初，為了提升自身的影響力，美國科學院決定要找兩個大牌科學家，向普通民眾進行一場公開辯論。美國科學院祕書提議，可以做一場關於冰川的辯論。

這個提議遭到了一個實權人物的極力反對，此人就是威爾遜山天文臺臺長喬治·海耳（George Hale）。

海耳認為，要想產生較大的社會影響力，就應該選擇那些最前沿的科學辯題。所以，他推薦了兩個新的辯題。

4 銀河系的大小

第一個辯題是愛因斯坦的相對論。此辯題讓美國科學院祕書氣得宣稱：「應該把相對論扔到四維時空以外的某個地方，這樣它就不會再來困擾我們了。」

所以最後就採用了海耳推薦的第二個辯題，即宇宙距離尺度（extragalactic distance scale）。

有了辯題，接下來就該選擇辯手了。根據海耳的建議，最後確定了兩個最合適的人選，也就是之前介紹過的沙普利和柯蒂斯。

大辯論的正方是沙普利。他持傳統觀點，認為銀河系就是宇宙的全部；而反方是柯蒂斯。他相信「島宇宙」理論，認為銀河系外還有很多其他的星系。而雙方爭論的焦點是，銀河系到底有多大。

1920 年 4 月 26 日，這場舉世矚目的世紀大辯論，在紐約市史密斯森自然歷史博物館拉開了帷幕。

辯論開始後，沙普利首先出場。但他還沒開口說話，就已經落了下風。這是因為，此時的他已經開始患得患失了。

不久前，哈佛大學天文臺臺長皮克林因病去世；很快，哈佛大學就開始甄選下一任臺長。沙普利已經從祕密管道得知，自己就是這個職位的熱門人選。所以，他很害怕自己輸掉這場辯論，給坐在臺下的哈佛大學代表留下壞印象。

因此，沙普利徹底改變了原來的辯論策略。在描述如何測量銀河系大小的時候，他直接跳過了自己實際採用的造父變星和球狀星團，而介紹了自己根本沒用的藍巨星（Blue Giant，藍巨星是一種非常明亮、非常熾熱的恆星）。沙普利宣稱，藍巨星也是一種標準燭光，可以用其來測量銀河系的大小；而藍巨星的測量結果顯示，銀河系的直徑能達到驚人的 30 萬光年，這足以容納整個宇宙。

其實，藍巨星僅僅是沙普利為這場辯論準備的腳註材料。

沙普利這麼做的理由很簡單。他用造父變星和球狀星團進行天文測距的工作，在學術界早已盡人皆知。如果在辯論時介紹這兩種測距工具，肯定會遭到柯蒂斯有針對性的攻擊。所以，他乾脆介紹柯蒂斯不知道的藍巨星，這樣還能打對手一個措手不及。

很明顯，這是典型的未戰先怯。

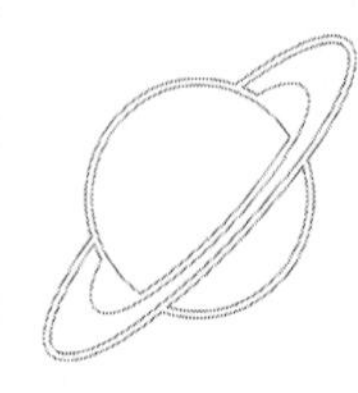

4 銀河系的大小

沙普利的詭辯策略並沒有打亂柯蒂斯的陣腳。他很快就向沙普利發起了強大的攻勢。

首先，柯蒂斯質疑了沙普利採用的測距工具的可靠性；無論是造父變星、球狀星團，還是藍巨星，都沒逃過他的批駁。其次，他提出了一種他認為更可靠的測距工具，即黃矮星（Yellow dwarf，太陽就屬於黃矮星）。接著，把黃矮星視為標準燭光，柯蒂斯估算了銀河系的直徑，結果只有 3 萬光年。最後，柯蒂斯描述了「島宇宙」的物理模型，並解釋了螺旋星雲為何只出現在銀河系的上下兩端。

毫無疑問，柯蒂斯成了這場大辯論的贏家。在給家人的信中，他頗為得意地寫道：「華盛頓的論戰很順利，我確信我更勝一籌。」沒過多久，他就被聘為亞利加尼天文臺臺長。

沙普利的日子就沒這麼好過了。辯論會上的糟糕表現，讓他差點丟掉了哈佛大學天文臺臺長的位子。因為哈佛大學實在找不到其他的合適人選，沙普利最後還是如願以償地成為皮克林的繼任者。

這場世紀大辯論，讓「銀河系到底有多大」的學術論戰，進入了大眾的視野。不過搞笑的是，辯論雙方其實都是錯的。

沙普利基於球狀星團測出，銀河系直徑是 30 萬光年；柯蒂斯基於黃矮星，測出銀河系直徑是 3 萬光年。而目前的天文觀測結果顯示，銀河系直徑的實際值應為 10 萬光年。

為什麼這兩個頂級天文學家都搞錯了呢？答案是，他們的距離測量工具有問題。無論是球狀星團還是黃矮星，都不是能用來測距的標準燭光。真正可靠的測距工具，還是勒維特提出的那個造父變星。

這場世紀大辯論並沒有改變天文學界的分裂格局。對於螺旋星雲是否屬於銀河系，依然是公說公有理，婆說婆有理。

直到 3 年後，一個年輕人的橫空出世，才為這場世紀大辯論畫上了句號。此人就是美國大天文學家艾德溫・哈伯（Edwin Hubble）。

與幼年輟學、歷盡磨難的沙普利不同，學生時代的哈伯，可謂一路順風順水。

讀高中的時候，身高 190 公分的哈伯是一個不折不扣的明星運動員，曾在一次市級的中學生運動會上，一口氣拿到了 7 個冠軍。靠著運動特長，他被保送到了芝加哥大學；而在畢業前夕，他又拿到了羅德獎學金，得以前往英國牛津大學研讀法學碩士學位。

學成歸國的哈伯，並沒有從事法律工作，因為他沒能通過美國的司法考試。無奈之下，他只好跑到家鄉的一所高中任教，主講數學，同時兼任校籃球隊教練。所以，誰說體育老師不能教數學。

後來，在一位 教授的幫助下，哈伯得以重返芝加哥大學，攻讀天文學博士學位。第一次世界大戰後，博士畢業且服完兵役的哈伯，被聘為威爾遜山天文臺研究員。在那裡，他遇到了自己一生的宿敵，那就是我們的老朋友沙普利。

一山不容二虎。沙普利從一開始就看不慣這個總是一身英倫範（穿短褲、頂斗篷、叼菸斗）、卻沒有做出什麼成績的年輕人。由於那時的沙普利在美國天文學界如日中天，哈伯最初在威爾遜山天文臺工作的日子並不好過。

但沒過多久，哈伯的職業生涯就迎來了轉機。他任職的威爾遜山天文臺新建了一個 2.5 公尺口徑的「虎克望遠鏡」；而在此後 30 多年的時間裡，這個「虎克望遠鏡」一直是全世界最大、最先進的光學望遠鏡。與此同時，沙普利離開了威爾遜山天文臺，接任哈佛大學天文臺臺長。這樣一來，哈伯就得到了大量的、本屬於沙普利的「虎克望遠鏡」觀測時間。

坐擁全世界最大望遠鏡之上的廣袤天際，運動員出身的哈伯即將一飛沖天。

1923 年，哈伯利用「虎克望遠鏡」，在仙女星雲中發現了兩顆造父變星（毫無疑問，造父變星是最可靠的標準燭光）。利用這兩顆造父變星，哈伯測出仙女星雲與我們相距至少 100 萬光年。這個驚人的數字已經遠遠超越了銀河系的尺寸，說明仙女星雲必然位於銀河系之外。

哈伯把這個發現寫成了一封信，用急件寄給了沙普利。根據沙普利的高徒、哈佛大學歷史上首位女系主任塞西莉亞·佩恩（Cecilia Payne）的回憶，沙普利收到哈伯的信後如雷轟頂，哀嘆道：「這封信摧毀了我的世界。」

當然，沙普利並不甘心坐以待斃。數日後，他給哈伯寫了封回信，質疑哈伯在仙女星雲中找到的那兩顆造父變星都是「偽星」，根本不能用於天文學測距。

但沙普利最後的掙扎，已經無法阻擋歷史的車輪滾滾向前。

1924 年，哈伯繼續觀測星空，並取得了新的進展。他成功地在仙女星雲、巴納德星雲以及 M33 星雲中找到了更多的造父變星。無一例外地，它們全都揭示出銀河系並非宇宙的全部。

哈伯的發現，讓這場從 1920 年開始的世紀大辯論徹底落下了帷幕。

4 銀河系的大小

天文學界達成了共識：人類長期相信是整個宇宙的銀河系，其實僅僅是「星雲王國中的一個小小的村落」。

我們已經介紹了人類探索銀河系大小的曲折歷史。現在我們知道，形如圓盤、直徑 10 萬光年的銀河系，僅僅是浩瀚宇宙中的一個小小的孤島。

那麼，整個宇宙到底有多大呢？

欲知詳情，請聽下回分解。

5 可觀測宇宙的大小

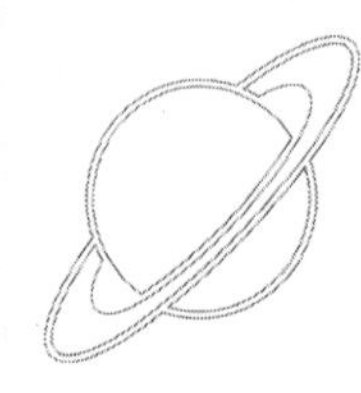

5 可觀測宇宙的大小

上節課的結尾，我們提出了這樣一個問題：整個宇宙到底有多大？為了給你一個更直觀的感受，我將用比喻的方式來回答這個問題。

如果把太陽系想像成一棟別墅，那麼地球就是這棟別墅裡的一顆玻璃珠。

4,000 億棟「別墅」合在一起，構成了「市中心」。這個「市中心」叫銀河系。

銀河系和另外一個「市中心」（即仙女座星系），再加上周邊的 50 個小型星系，就構成了一座「城市」。這座「城市」叫本星系群（Local Group）。

本星系群只是一座「小城」。在離它 5,000 萬光年遠的地方還有一座擁有 2,000 個星系的「大城市」，叫室女座星系團（Virgo Cluster）。以這個室女座星系團為「省會」，再加上方圓 1 億光年內的 100 多個「城市」，就構成了一個「省」。這個「省」叫室女座超星系團（Virgo Supercluster）。

室女座超星系團只是 4 個「省」之一。這 4 個「省」像群山一樣，環繞著一個位於中心谷地處的「首都」，即巨引源（Great Attractor，與地球相距 2.2 億光年，其質量能達到銀河系的 10,000 倍）。這樣一來，就在直徑 5 億光年的空間範圍內，構成了一個地形如同巨大山谷的「國家」。這個「國家」叫拉尼亞凱亞超星系團（Laniakea Supercluster）。

拉尼亞凱亞超星系團並不是一個「大國」。它連同周邊的 4 個「國家」，構成了一個「國家聯盟」，叫雙魚 - 鯨魚座超星系團複合體（Pisces–Cetus Supercluster Complex）。此「國家聯盟」的盟主是雙魚 - 鯨魚超星系團，其疆域至少能達到 10 億光年。

橫跨 10 億光年的雙魚 - 鯨魚座超星系團複合體，依然不是宇宙中最大的結構。在它之上還有所謂的星系長城（Galaxy Wall），相當於「大洲」。比較有名的「大洲」包括橫跨 14 億光年的史隆長城（Sloan Great Wall），橫跨 40 億光年的巨型超大類星體群，以及橫跨 100 億光年的武仙 - 北冕座長城（Hercules-Corona Borealis Great Wall）。而這個與地球相距 100 億光年的武仙 - 北冕座長城，就是人類目前所發現的最大結構。

5 可觀測宇宙的大小

而諸多「大洲」又構成了一個直徑 930 億光年的「星球」。這個「星球」就是我們的可觀測宇宙（Observable universe，是指以地球為中心、用望遠鏡能夠看到的最大宇宙範圍。它只是整個宇宙的一小部分）。

我們已經對宇宙的大小做了一個簡要的介紹。你可以把我們能夠看到的宇宙，想像成一個直徑 930 億光年、擁有至少幾千億個星系的巨大「星球」。那接下來，就讓我們坐上太空船，按照由近及遠、由小到大的順序，來好好看看這個浩瀚的宇宙。

首先參觀我們住的這個「別墅」，即太陽系。

太陽系的絕對主宰是太陽。其質量大約 2×10^{30} 公斤，是地球的 33 萬倍，占太陽系總質量的 99.86%。正因為如此，太陽系內的所有其他天體都必須臣服於它，並且周而復始地圍繞它旋轉。

太陽系總共有 8 環：從內到外，依次是水星、金星、地球、火星、木星、土星、天王星和海王星。值得一提的是，裡面的 4 個都是類地行星（terrestrial planet），也就是以矽酸鹽岩石為主要成分的行星；在類地行星的中心，一般都有一個以鐵為主的金屬核心。而外面的 4 個都是類木行星（jovian planet），也就是最外層區域由氣體構成的行星；其中木星和土星的外層主要成分是氫氣和氦氣，而天王星和海王星的外層則包含大量比氫和氦更重的化學元素；所有類木行星的中心，同樣有由岩石和金屬所構成的堅固核心。

此外，太陽系內還有兩個小行星聚集的區域，一個是位於 4 環和 5 環間的小行星帶，另一個是位於 8 環以外的古柏帶（Kuiper belt）。曾是太陽系第 9 大行星的冥王星，就位於這個古柏帶。在古柏帶之外，還有一個包裹著太陽系、直徑約為 2 光年的神祕球狀雲團，叫做歐特雲（Oort cloud），它是很多長週期彗星的故鄉。而這個歐特雲，就是太陽系「別墅」的外牆。

其次參觀我們住的這個「城區」，即銀河系。

在銀河系的正中心，盤踞著一個質量能達到太陽質量 400 多萬倍的巨大黑洞，叫人馬座 A*（Sagittarius A*）。在它的周圍有一個恆星相當密集的棒狀區域，其長度約為 1 萬光年，因為中心區域是棒狀的，銀河系被稱為棒旋星

系（Barred spiral galaxy）；這個棒狀區域是一個巨大的恆星「育嬰室」，其中包含著大量的新生恆星。中心黑洞和棒狀區域，統稱為銀心（Galactic Center）。

在銀心之外，是一個直徑接近 10 萬光年的盤狀結構，稱為銀盤。正如圖 9 所示，在銀盤上有幾個恆星比較密集的區域：其核心特徵是從銀心附近出發，螺旋式地向外延展。這些銀盤上的恆星密集區域就是所謂的旋臂。銀河系的主要旋臂有 4 條：其中青色的是近三千秒差距 - 英仙旋臂（Near 3 kpc and Perseus Arm），紫色的是天鵝 - 矩尺旋臂（Norma and Outer arm），綠色的是盾牌 - 半人馬旋臂（Far 3 kpc and Scutum–Centaurus Arm），紅色的是船底 - 人馬旋臂（Carina–Sagittarius Arm）。圖 9 中的虛線代表這些旋臂在理論上存在、但實際上尚未觀測到的部分。除了這 4 條主要旋臂以外，還有一些次要旋臂，例如，圖 9 中橙色的獵戶旋臂（Orion–Cygnus Arm）。我們住的太陽系「別墅」，就位於這個獵戶旋臂中。換句話說，我們其實住在銀河系「城區」中一個比較荒涼的地段。

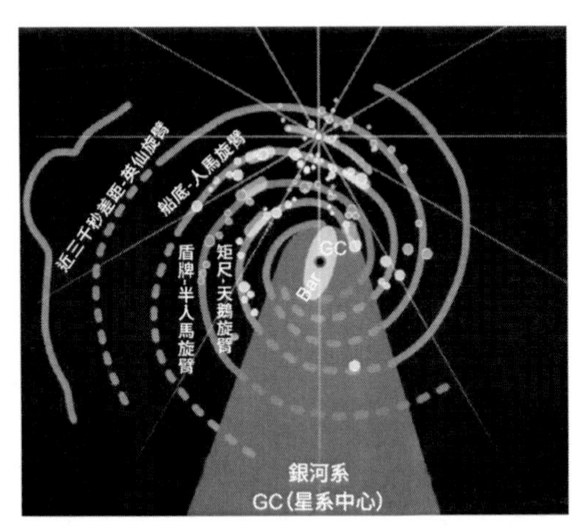

圖 9

銀河系的旋臂，就像風車一樣不斷繞銀河系中心旋轉。需要強調的是，旋臂裡的恆星構成並非固定不變。為了便於理解，你可以把旋臂想像成銀河系「城區」的交通擁堵區域。因為不斷有恆星進入這些區域，同時又不斷有恆星離開，所以總體來看，這些交通擁堵區域會一直存在。恆星擁堵區域，這就是旋臂的本來面目。

而在銀盤之外還有一個球狀區域，稱為銀暈（galactic halo）。不同於銀心和銀盤，銀暈內部只是稀稀落落地分布著一些非常古老的恆星和球狀星團。你可以把銀暈當成是銀河系的恆星「養老院」。

5 可觀測宇宙的大小

由銀心、銀盤和銀暈這 3 大部分構成的、直徑約為 10 萬光年的空間區域，就是我們住的銀河系「市區」（也有一些天文學家主張，在銀暈之外還有銀冕，這樣銀河系的直徑能達到將近 20 萬光年）。

然後參觀我們住的「城市」，即本星系群。

在本星系群中有兩個市中心，也就是銀河系和仙女座星系。而這兩大市中心還各有一群小弟，也就是所謂的矮星系[001]。

我們居住的銀河系，大概擁有 4,000 億顆恆星；而在它的周圍，大概有 30 多個矮星系。其中離地球最近的是大犬座矮星系（Canis Major Dwarf Galaxy）和人馬座矮橢球星系

[001] 矮星系是宇宙中質量最小、亮度最弱的一類星系。不過矮星系的數量遠遠超過大星系。

（Sagittarius Dwarf Spheroidal Galaxy），而名氣最大的則是大小麥哲倫星雲（Large Small Magellanic Cloud）。大部分矮星系就像衛星一樣繞銀河系公轉，因而也被稱為衛星星系。其他矮星系則只是從銀河系周圍飛掠而過。

另一個中心城區，是與地球相距 254 萬光年的一個漩渦星系，即仙女座星系（Andromeda Galaxy）。仙女座星系是本星系群中無可爭議的老大，其直徑能達到 22 萬光年，而質量能達到太陽質量的 1.5 兆倍。類似於銀河系，在仙女座星系中心，同樣盤踞著一個超大質量的黑洞，其質量能達到太陽質量的 1 億倍，是銀河系中心黑洞質量的 20 多倍。

仙女座星系之所以能成為本星系群的霸主，是因為它已經吞併了大量的矮星系。比較有名的例子，是位於仙女座星系內部的一個非常巨大的球狀星團，編號 G1。一般的球狀星團包含的恆星數量，都在幾百個到幾萬個之間；而 G1 包含的恆星數量，能達到好幾百萬個。所以天文學家普遍相信：G1 是一個矮星系被仙女座星系吞併後，所剩下的緊密核心。

更可怕的是，透過天文觀測，我們發現仙女座星系正在以每秒 110 公里的速度，向銀河系飛馳而來。大概再過 40 億年，兩者就會發生碰撞，最終合併成一個巨大的橢圓星系（按照形狀，星系可以大致分為 3 類，分別是漩渦星系、橢圓星系和不規則星系）。

5 可觀測宇宙的大小

接著參觀我們住的「省」，即室女座超星系團。

我們住的這個本星系群，只能算一座「小城」。在離它6,000萬光年遠的地方，有一座擁有2,000多個星系的「大城市」，叫室女座星系團。

室女座星系團由3個主城區構成，分別是M87、M86和M49（M表示梅西耶天體（Messier object）列表，而M87、M86和M49分別代表梅西耶天體列表中的第87、第86和第49號天體）。而這3個主城區，都是超巨橢圓星系。

其中最有分量也最靠近「市中心」的「主城區」，是M87星系。這是一個非常古老的星系，擁有大概15,000個球狀星團，堪稱恆星的「養老院」。M87星系最顯著的特徵，是有一條綿延數千光年的星際噴流。此外，在它的中心，有一個質量能達到太陽質量65億倍的巨型黑洞，叫M87*。2019年，事件視界望遠鏡專案組拍到了M87*的照片。這也是人類歷史上拍到的首張黑洞照片。

由 M87、M86 和 M49 這 3 大主城區構成的室女座星系團，是我們居住的這個「省」的「省會」。這個省還有大概 100 個「城市」，其中絕大多數都是和本星系群一樣的小城，也就是由幾十個星系所構成的星系群。只有在這個「省」的邊境位置，才有兩個中等規模的「城市」，即天爐座星系團（Fornax cluster）和波江座星系團（Eridanus cluster）。這 100 多個「城市」散布在「省會城市」（即室女座星系團）周邊直徑 1.2 億光年的範圍內，構成了我們住的這個「省」，即室女座超星系團，也叫室女座超星系團。

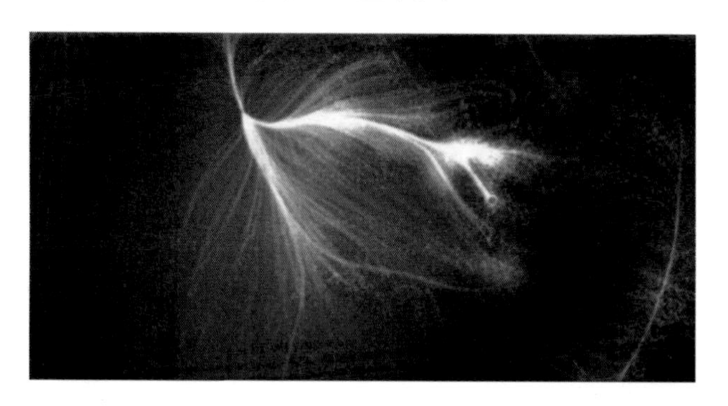

5 可觀測宇宙的大小

接下來參觀我們住的「國家」，即拉尼亞凱亞超星系團。

拉尼亞凱亞超星系團是一個橫跨 5 億光年、質量能達到銀河系質量 10 萬倍的龐大帝國。它的地形有點像是一個巨大的山谷，位於中心谷地位置的就是這個「帝國」的「首都」：巨引源（巨引源代表「巨大的引力源頭」）。

巨引源是一個真正意義上的龐然大物，其質量至少比銀河系質量大 10,000 倍。由於它擁有巨大的引力，包括銀河系在內的成千上萬的星系，都在以每秒幾百千公尺的速度朝它靠近。而這個龐然大物的本來面目到底是什麼，目前還處於迷霧中。

在巨引源這個首都的周圍還有 4 個省。處於中心位置的省是長蛇 - 半人馬座超星系團（Hydra-Centaurus supercluster）。這個省是在長蛇座到半人馬座方向上的一系列星系團的集合。其中最核心的成員是矩尺座超星系團（Norma Cluster）。這個矩尺座超星系團位於矩尺座方向、與地球相距大概 2.2 億光年的地方。一般認為，這就是巨引源所在的地方。不過，矩尺座超星系團的質量只比銀河系質量大 1,000 倍，僅僅是巨引源質量的 1/10。所以，矩尺座超星系團僅僅是占據了巨引源所在的位置，而並非巨引源本身。

除了位於「首都」位置的矩尺座超星系團以外，長蛇 - 半人馬座超星系團這個「省」還擁有長蛇座星系團、半人馬座星系團、IC4939 星系團這 3 個「大都市」，以及上百個零零星星的「小城」。這些大大小小的「城市」環繞在巨引源的周圍，就構成了拉尼亞凱亞帝國的「首都」圈都市群。

而在「首都」圈的外圍，還有 3 個「省」，分別是位於西南方的室女座超星系團、位於西北方的孔雀 - 印第安超星系團（Pavo-Indus Supercluster），以及位於南面的南方超星系團（Southern Supercluster）。

為了便於理解，你可以把引力想像成蜘蛛絲。在引力的牽引下，長蛇 - 半人馬座超星系團、室女座超星系團、孔雀 - 印第安超星系團和南方超星系團這 4 個「省」，就連成了一張直徑 5 億光年的巨大蜘蛛網，覆蓋了拉尼亞凱亞帝國的整個山谷。位於蜘蛛網上的成千上萬的星系，都在引力蛛絲的牽引下向著位於中心谷地位置的巨引源運動。這就是我們住的「國家」，即拉尼亞凱亞超星系團的全貌。

我們已經介紹了我們住的「國家」，即拉尼亞凱亞超星系團。它擁有橫跨 5 億光年的遼闊疆域和超過 10 萬個像銀河系這樣的星系。但放眼宇宙，拉尼亞凱亞超星系團依然只能算是「弟弟」。在它之上還有由多個「國家」組成的「國家聯盟」，也就是由多個超星系團構成的超星系團複合體。

拉尼亞凱亞超星系團與 4 個「國家」一起，組成了一個「國家聯盟」，叫雙魚 - 鯨魚座超星系團複合體（Pisces–Cetus Supercluster Complex）。它的疆域能超過 10 億光年，並且總質量至少比太陽質量大 100 億倍。這個「國家聯盟」的盟主是雙魚 - 鯨魚超星系團，具體成員還包括英仙 - 雙魚座超星系團（Pisces-Perseus supercluster）、飛馬 - 雙魚座超星系團、玉夫 - 武仙座超星系團和拉尼亞凱亞超星系團。

這個橫跨 10 億光年的雙魚 - 鯨魚座超星系團複合體，依然不是宇宙中最大的結構。在它之上還有所謂的星系長城，相當於「大洲」。比較有名的「大洲」包括橫跨 14 億光年的史隆長城，橫跨 40 億光年的巨型超大類星體群，以及橫跨 100 億光年的武仙 - 北冕座長城（武仙 - 北冕座長城與地球的距離，大概是 100 億光年）。這個武仙 - 北冕座長城，就是人類目前發現的最大結構。

而諸多的宇宙空洞和星系長城，又構成了一個直徑 930 億光年的「星球」。這個「星球」就是我們的可觀測宇宙。所謂的可觀測宇宙，指以地球為中心、用望遠鏡能夠看到的最大宇宙範圍。它只是整個宇宙的一小部分。在可觀測宇宙之外，還有更遼闊的其他宇宙空間。但其他宇宙空間發生的事情，我們在地球上永遠也不可能看到。

我們已經完成了這場飛向宇宙盡頭的旅行。現在你應該已經知道，我們能夠看到的可觀測宇宙，是一個直徑 930 億光年、擁有至少幾千億個星系的巨大「星球」。在可觀測宇宙之外，還有更為遼闊的宇宙空間，但我們永遠都不可能看到那裡到底有什麼東西。

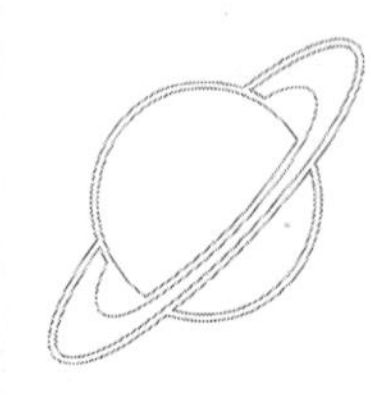

5 可觀測宇宙的大小

為什麼我們永遠都不可能看到可觀測宇宙之外的宇宙空間呢？

欲知詳情，請聽下回分解。

6 宇宙膨脹

6 宇宙膨脹

上節課的結尾，我們提出了這樣一個問題：為什麼我們永遠都不可能看到可觀測宇宙之外的宇宙空間呢？

答案是，因為宇宙在膨脹。

想像一個巨大的氣球，上面有一隻小螞蟻，正以光速在氣球表面爬行。如果氣球靜止不動，那麼螞蟻就能到達氣球表面的任意位置；換句話說，螞蟻能看到氣球表面的全貌。但如果氣球本身也在以光速膨脹，那麼螞蟻就無法到達氣球表面的任意位置了；這意味著，螞蟻只能看到以其出發點為中心的一小塊區域。而螞蟻能看到的這一小塊區域，就是它的「可觀測氣球表面」。

同樣的道理，如果宇宙本身也在膨脹，我們就只能看到以地球為中心的一小塊宇宙區域，即可觀測宇宙。

那麼問題來了：人類到底是如何發現宇宙在膨脹的？

你可能會說：「這還用問嗎？宇宙膨脹是美國大天文學家哈伯在 1930 年代初發現的。」

真實的歷史，並沒有這麼簡單。

推倒第一張西洋骨牌的人，其實並不是哈伯。此人在我們之前的旅行中曾經露過一面。他就是美國天文學家維斯托·斯萊弗。

1914 年，斯萊弗提出了一種測量星系徑向速度（即星系與地球連線方向上的速度）的新方法。這種方法的基石是都卜勒效應（Doppler effect）。

什麼是都卜勒效應？讓我們從一個在日常生活中很常見的場景說起。如果你經常坐地鐵，可能會注意到這樣的現

象：當列車進站的時候，它發出的汽笛聲會比較尖銳；而當列車出站的時候，它發出的汽笛聲會比較低沉。

這就是都卜勒效應。這個效應說的是：如果一個物體在靠近我們時，它發出的聲波波長會變短，頻率會變大，所以聽起來尖銳；如果一個物體在遠離我們時，它發出的聲波波長會變長，頻率會變小，所以聽起來低沉。

都卜勒效應的強大之處在於，它不僅適用於聲波，還適用於宇宙中所有的波。我們知道，光也是一種波（即電磁波）。那麼，都卜勒效應會如何影響遙遠天體所發出的光呢？

為了回答這個問題，我得先給你補充兩個知識。第一個，是恆星光譜（Stellar classification）。

1666 年，在鄉下躲避瘟疫的牛頓做了一個著名的光學實驗，即牛頓的色散實驗。他在一間小黑屋的牆上開了一個小圓孔，然後在小圓孔的旁邊放了一個三稜鏡 [002]。

[002] 三稜鏡是一種用玻璃製成、橫截面為三角形的光學儀器。當光照到三稜鏡的一個側面之後，會先後發生兩次折射，然後從另一個側面射出。三稜鏡對不同顏色的光會有不同的偏折程度：它對紅光的偏折程度最小，而對紫光的偏折程度最大。

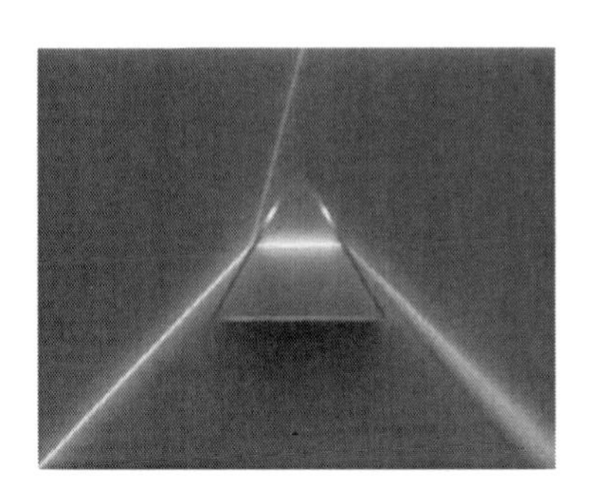

牛頓發現：穿過小圓孔的白色太陽光，在經過三稜鏡的折射後，變成由紅、橙、黃、綠、藍、靛、紫等不同顏色構成的光。由此，牛頓證明了太陽光並非只有一種單一的顏色，而是由各種顏色的光合成的。

後來，天文學家給望遠鏡配上了三稜鏡。遙遠天體發出的光，先透過望遠鏡的鏡面，再經過一條狹縫，然後被三稜鏡折射，最後會變成一條讓各種單色光按頻率大小依次排列的光帶。這條讓各種單色光按頻率大小依次排列的光帶，就是所謂的光譜。

第二個要補充的知識，則是夫朗和斐譜線（Fraunhofer lines）。

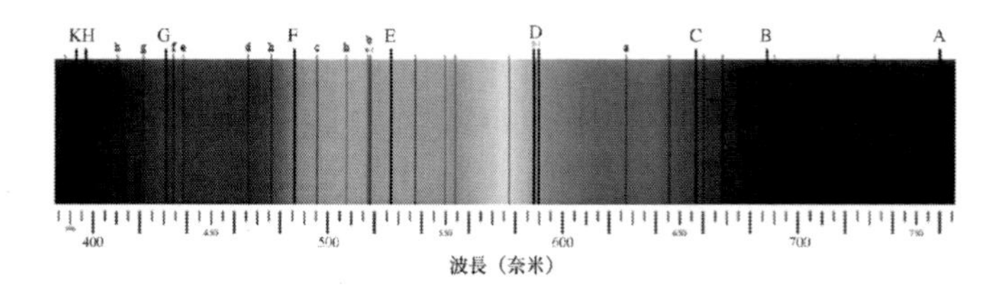

6 宇宙膨脹

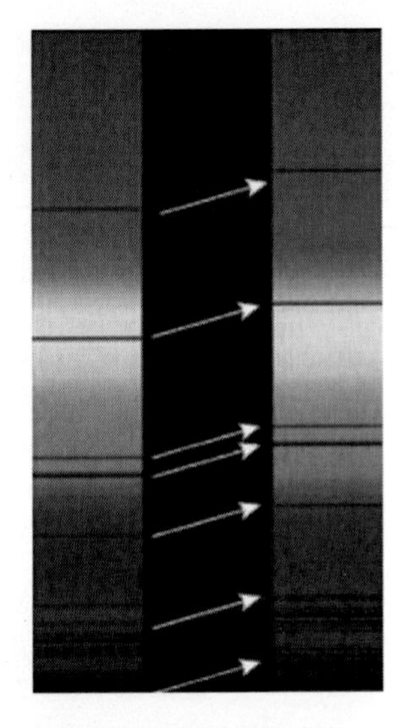

1814 年，德國物理學家約瑟夫·夫朗和斐（Joseph Fraunhofer）用自己發明的新儀器，研究了太陽光譜。他驚訝地發現，在太陽光譜中有超過 570 多條的暗線。換句話說，有一些特定頻率的光從太陽光譜中消失了。這些暗線，就是所謂的夫朗和斐譜線。

後來科學家發現，之所以會出現夫朗和斐譜線，是因為太陽表面的化學元素把這些特定頻率的光給吸收了（任何一種化學元素，都只能吸收特定頻率的光）。因此，只要把天體光譜中的夫朗和斐譜線與各種化學元素的吸收線（即各種化學元素所吸收的特定頻率的光）進行對比，就可以確定天體表面到底有哪些化學元素。

知道了光譜和夫朗和斐譜線的概念，我們就能介紹都卜勒效應是如何影響遙遠天體發出的光了。

如果一個天體正在靠近地球，那麼在其光譜中，夫朗和斐譜線就會整體地向藍光端（即頻率變大的方向）移動，這就是所謂的藍移；而如果一個天體正在遠離地球，那麼在其光譜中，夫朗和斐譜線就會整體地向紅光端（即頻率變小的方向）移動，這就是所謂的紅移。

根據遙遠天體光譜中的藍移或紅移，就能判斷這些天體是在靠近還是在遠離地球；而透過測量它們光譜的藍移或紅移的程度，就可以算出這些天體靠近或遠離地球的徑向速度。

1914 年，斯萊弗研究了 15 個隨機選取的螺旋星雲的光譜。他驚訝地發現，所有星雲的光譜都在紅移。換言之，這 15 個隨機選取的螺旋星雲，全都在飛離地球。

這是人類第一次看到宇宙膨脹的跡象。從這個意義上講，斯萊弗才是發現宇宙膨脹的第一人。但由於斯萊弗所在的羅威爾天文臺沒有大口徑的望遠鏡，他很快就陷入了止步不前的困境。

正所謂「工欲善其事，必先利其器」。要想取得最具革命性的天文學突破，還是要靠最大的天文望遠鏡。當時全世界最大的天文望遠鏡在哪裡呢？答案是我們已經很熟悉的美國威爾遜山天文臺。

這次活躍在威爾遜山天文臺這個舞臺上的，是我們的一個老熟人。他就是美國大天文學家哈伯。此前，哈伯已經利用標準燭光，發現銀河系只是一個小小的宇宙孤島，這讓他成為天文學界的超級巨星。

1928 年，哈伯在歐洲開會期間，聽到了用都卜勒效應測量遙遠星系速度的學術報告。他隨即想到這樣的問題：遙

遠星系的徑向速度與它們到地球的距離之間，到底有什麼關係？

回到威爾遜山天文臺後，哈伯開始研究這個問題。測量星系距離一直是哈伯的拿手好戲；但是測量星系的徑向速度，哈伯就不是很熟悉了。所以，他決定找一個助手，來幫忙分析星系的光譜變化。他找的這個助手，叫米爾頓·赫馬森（Milton Humason）。

赫馬森的早年經歷坎坷。由於家境貧寒，14 歲就輟學了。

為了謀生，赫馬森打過各式各樣的零工。1908—1910年，他的僱主是威爾遜山天文臺。他的工作是趕著驢隊，把建築材料和生活物資送上威爾遜山，輔助天文臺的建設。在此期間，他認識了一個天文臺工程師的女兒，並和她結了婚。

1917 年，在岳父的推薦下，赫馬森成了威爾遜山天文臺的一名看門人。此後每天晚上，他都會去找天文臺的工作人員學習天文攝影技術；沒過多久，他就成了天文臺最好的觀測助手。3 年之後，只有一紙小學畢業證書的赫馬森被任命為威爾遜山天文臺的正式職員；而到了 1922 年，他又被破格提拔為助理天文學家。

但高等教育的缺乏，還是給赫馬森的學術生涯蒙上了一層陰影。由於基礎不佳和命運不濟，他曾兩次與重大發現失之交臂。

第一次發生在 1919 年。當時，受一位天文學家的啟發，赫馬森開始在一個特定的天區搜尋太陽系的第 9 顆行星，並且拍攝了一大堆的照片。他對第 9 顆行星的搜尋，最後以失敗而告終。到了 1930 年，也就是冥王星被發現的那一年，赫馬森的兩個朋友重新檢查了他之前拍攝的照片。結果發現，赫馬森早在 11 年前就已經拍到了冥王星；但可惜的是，他自己沒認出來，所以就丟掉了「冥王星之父」的殊榮。

第二次發生在 1920 年。那年夏天，赫馬森在仙女星雲中發現了幾個很異常的天體：其亮度會出現週期性的變化。這讓他不禁懷疑，自己找到了仙女星雲中的造父變星。這個發現，比哈伯在仙女星雲中找到造父變星、確定仙女星雲不在銀河系內的歷史性突破，要早上好幾年。興奮不已的赫馬森，立刻標

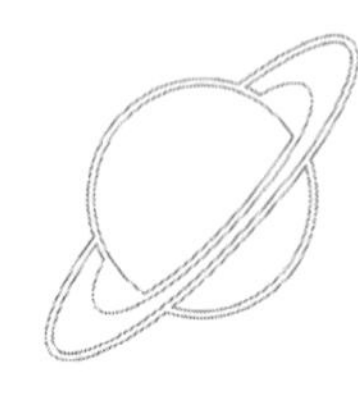

記了這些異常星在仙女星雲中的位置，並把結果拿給了沙普利看。但不幸的是，堅信銀河系是宇宙全部的沙普利對赫馬森的發現根本不屑一顧。他先是盛氣淩人地向赫馬森解釋為什麼這些異常星不是造父變星，隨後拿出手絹把所有數據抹掉。在學術界大權威面前，赫馬森不敢堅持自己原來的想法。這樣一來，他就與 20 世紀最大的天文發現之一擦肩而過。

在經歷了兩次失之交臂以後，赫馬森終於等到了屬於自己的機會。1928 年，他開始與哈伯合作，研究星系的運動速度與它們到地球距離之間的關係。兩人分工合作：赫馬森根據都卜勒效應，測量遙遠星系的運動速度；哈伯則根據標準燭光，測量這些星系到地球的距離。

1929 年，哈伯和赫馬森已經測量了 46 個星系的速度和距離。結果顯示，所有的星系都在遠離地球。由於其中一大半的星系數據都存在很大的誤差，哈伯只採用了那些他覺得有信心的數據。而基於這些星系觀測數據，哈伯發表了一篇名為〈銀河外星雲距離與其徑向速度的關係〉（*A Relation between Distance and Radial Velocity among Extra-Galactic Nebulae*）的論文。

但這篇劃時代的論文，並沒有把赫馬森列為作者。正因為如此，赫馬森後來並沒有獲得自己應得的榮譽，而僅僅被視為「哈伯背後的男人」。

這篇論文的核心結論見圖 10。此圖的橫軸代表星系到地球的距離，其單位是百萬秒差距（100 萬秒差距約等於 326 萬光年）；而縱軸代表星系的徑向速度，其單位是公里 / 秒。圖中的眾多圓點代表哈伯和赫馬森測量的那些星系。從圖中可以看出，星系的徑向速度與它到地球的距離正相關：星系離地球越遠，它的退行速度（即遠離地球的速度）就越大。

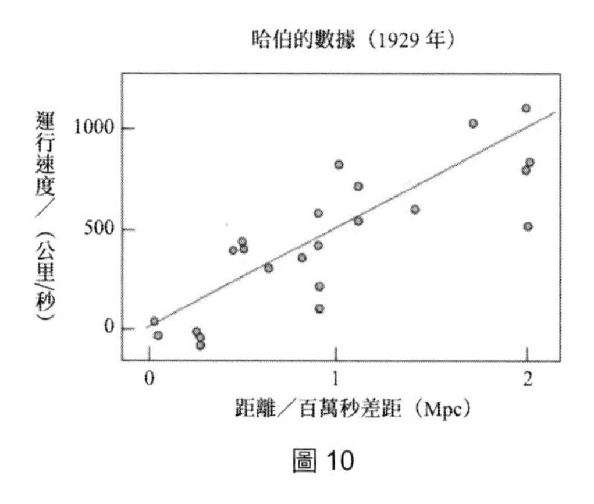

圖 10

但正相關僅僅是一個定性的結論。要是從定量的角度，確定此圖中星系的退行速度與它們到地球距離之間的數學關係，就沒那麼容易了。此時的哈伯展現了他驚人的洞察力。他在圖中畫了一條穿過數據點的直線，然後宣稱星系的退行速度與它們到地球之間的距離成正比。

歷史證明了哈伯的洞見。此後兩年時間，他和赫馬森一直在測量更遙遠星系的速度和距離。他們找到的最遙遠的星

系，其退行速度高達 20,000 公里 / 秒，而距離則超過 1 億光年。1931 年，哈伯與赫馬森合寫了一篇名為〈銀河外星雲的速度 - 距離關係〉的論文。這篇論文的核心結論見圖 11。這次，星系的觀測數據與哈伯畫的直線完美契合。

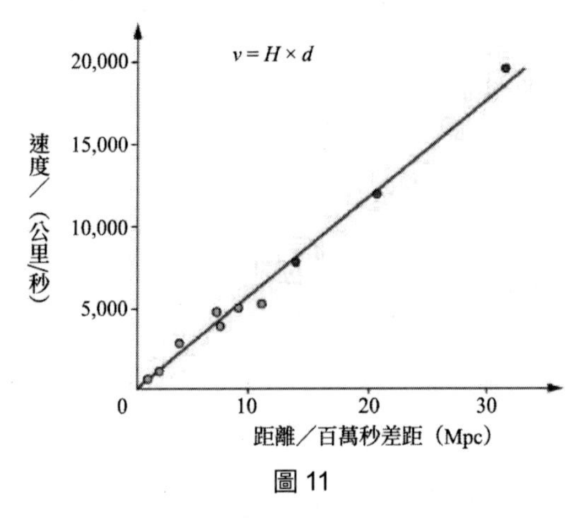

圖 11

星系的退行速度與它們到地球的距離成正比。這個結論，後來被稱為哈伯定律。正是這條哈伯定律，人類終於意識到宇宙在膨脹。毫無疑問，這是天文學史上最偉大的發現之一。

哈伯定律到底意味著什麼呢？答案是，它揭示出我們的宇宙必須滿足宇宙學原理：宇宙在大規模結構（Large-scale structure）是均勻且各向同性（isotropy）的。均勻是指，宇宙中的物質是均勻分布的；而各向同性是指，宇宙在各個方向上看起來都一樣。這樣一來，對於宇宙中任意位置的觀測者，無論是什麼時間，無論以什麼角度，宇宙在大尺度結構上看起來都一樣。

為了描繪這個宇宙的模型，我們來做一個類比。想像有一個小圓球，突然發生了爆炸。這場爆炸把圓球炸成了許許多多大小一樣的碎塊，隨即呈球形向外飛散。然後，你在一個飛散的碎塊上，向位於球面上的其他碎塊眺望（注意，你的視野始終局限在這個擴散的球面上，而無法望向其他的空間緯度）。這時你看到的碎塊不斷飛散、互相遠離的畫面，就滿足哈伯定律和宇宙學原理。

在一個均勻且各向同性的宇宙中，所有的星系都在互相遠離。這就是我們的宇宙正在放的電影。

現在，在腦海中把這部宇宙電影倒著放。你會發現所有的星系都在互相靠近。隨著時間的不斷推移，它們會變得越來越近、越來越近，最後回到最初的一點。換句話說，在過去的某個時刻（現在一般認為是 138 億年以前），宇宙中所有的物質都聚在一起，完全密不可分。你可以把這個最初的時刻定義為宇宙的起點。

6 宇宙膨脹

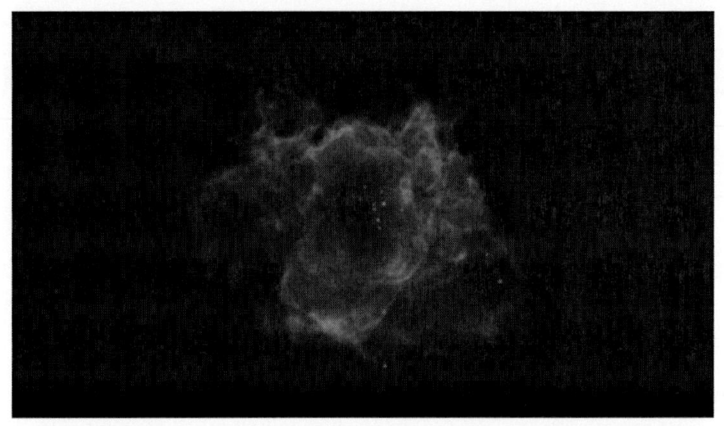

這個影像，就是我們後面要重點介紹的宇宙大爆炸。

現在我們已經知道，哈伯定律揭示了宇宙會有一個起點，一個創生的時刻。那麼，宇宙創生之初到底發生了什麼？

欲知詳情，請聽下回分解。

7 暴脹

7 暴脹

上節課的結尾，我們提出了這樣一個問題：宇宙創生之初到底發生了什麼？

目前學術界最主流的答案是，暴脹（inflation）[003]。

那什麼是暴脹呢？且聽我娓娓道來。

暴脹的英文是 inflation，其本意是通貨膨脹。通貨膨脹說的是，在一段時間內，社會上流通的貨幣總量發生了顯著的增長。而暴脹說的是，在宇宙創生後的一剎那，宇宙的體積發生了急遽地膨脹。

這個膨脹到底有多劇烈呢？答案是，在轉瞬之間，宇宙總體積就膨脹了至少 1.6×10^{60} 倍。這是什麼概念呢？大概相當於一棟兩層高的小樓，瞬間變得和整個銀河系一樣大。經過如此瘋狂的膨脹之後，宇宙就變得和一個棒球差不多大小。然後，大爆炸才正式啟動，最終讓宇宙變成了我們今天看到的樣子。

說到這裡，你可能會覺得匪夷所思。為什麼在宇宙創生之初要有一場暴脹？人類又是怎麼發現此事的？

這就要從一個鬱鬱不得志的博士後的故事講起了。他名叫阿蘭·古斯（Alan Guth）。

[003] 除了暴脹以外，理論家們還提出過火劫、反彈、弦氣等宇宙起源理論。限於篇幅，這裡就不介紹其他三種理論了。

1977 年，多年研究粒子物理的古斯，跑到康乃爾大學物理系做第三期博士後。在此之前，他一直沒做出足夠好的科學研究成果，再加上運氣不佳遇上了美國戰後的嬰兒潮，所以也一直沒能找到大學助理教授的職位。如果再做不出好的科學研究成果，他就要被迫離開學術界了。

在康乃爾大學，古斯遇到了一個與他同病相憐的第三期博士後。此人是一個華人，名叫戴自海（Henry Tye）。

戴自海以前也研究粒子物理，後來轉行做了宇宙學。他遊說古斯，說粒子物理中最重要的課題已經被別人做得差不多了，不如和他一起做宇宙學。古斯一開始並沒有搭理他。戴自海也不氣餒，三不五時就來遊說古斯，這一遊說就是兩年。

直到 1979 年，事情才有了轉機。那年年初，美國大物理學家史蒂文·溫伯格（Steven Weinberg）到訪康乃爾大學，做了兩場用粒子物理學理論研究宇宙學的演講。溫伯格是諾

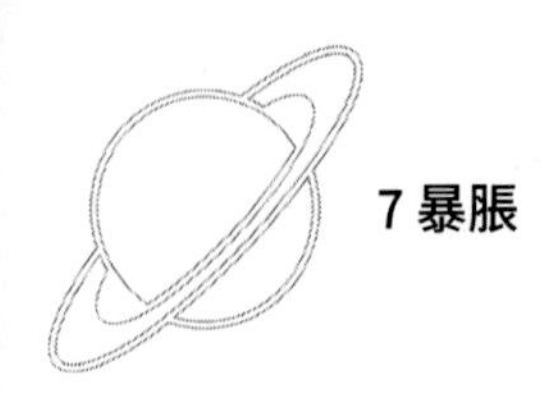

獎得主，同時也是美國粒子物理學界的領袖。古斯一看連大名鼎鼎的溫伯格都這麼關心宇宙學，這才下定決心，與戴自海一起轉戰宇宙學。

古斯和戴自海研究的，是一個與宇宙起源八竿子也打不著的課題，叫磁單極子（Magnetic monopole）問題。

簡單解釋一下什麼是磁單極子。所有磁鐵都有一個共同的特徵：一定同時具有南北兩極。即使把一塊磁鐵從中間一切兩半，新得到的兩塊磁鐵也會重新產生南極或北極。那麼，有沒有可能存在一種只有南極或北極的磁鐵呢？理論上是可能的。像這種只有南極或北極的磁鐵，就是磁單極子。

按照當時物理學界最流行的大統一理論，磁單極子在宇宙中應該是無處不在的，那為什麼在真實世界中卻連一個也找不到呢？這就是物理學界赫赫有名的磁單極子問題，同時也是古斯和戴自海決心挑戰的課題。

他們的研究顯示，解決磁單極子問題的關鍵是一個被稱為「假真空」（false vacuum）的概念。

為了解釋什麼是假真空，我們得先從真空的概念說起。很多人認為，真空就是一片什麼東西都沒有的空間區域。但我要告訴你的是，這種看法是錯的。真空其實是有能量的。一個真空有能量的例子是著名的卡西米爾效應（Casimir effect）：由於真空有能量，處於真空中的兩片不帶電且相距很近的金屬板之間會出現吸引力。而這個卡西米爾效應，已經得到了實驗的證實。

一旦知道真空有能量，假真空就不難理解了。想像一座延綿起伏的大山，高的地方是山峰，矮的地方是山谷（如圖 12 所示）。那麼，如果在這座山上放一個小球，它在哪裡可以保持靜止呢？答案是山谷。現在把山的海拔高低視為空間本身的能量大小。凡是能讓小球保持靜止的山谷，全都處於真空的狀態。換言之，真空就是能讓置身其中的物體穩定存在的時空區域。很明顯，真空也會有能量大小的差異，就像是山谷也會有海拔高低之分。其中能量最小的真空，對應於圖中海拔最低的山谷，稱為「真真空」；至於能量較大的真空，對應於圖中海拔較高的山谷，則稱為「假真空」。換句話說，假真空就是能量較高的真空。

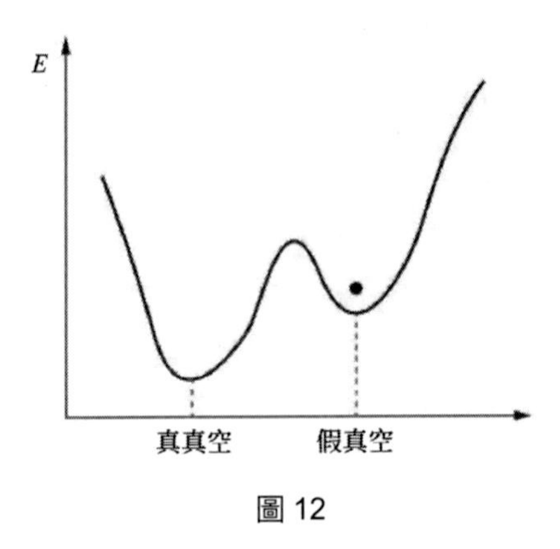

圖 12

戴自海率先意識到了一個最核心的問題：如果宇宙在誕生之初就處於一個假真空的環境裡，它將會如何演化？這個問題，讓人類邁出了破解宇宙創生之謎的關鍵一步。

但就在取得重大突破的前夕，戴自海卻跑回中國參加了一個為期一個半月的學術會議。那是一個沒有電子郵件和智慧手機的年代。戴自海一回中國，就與古斯斷了聯繫；等他重返美國的時候，古斯已經離開康乃爾去了史丹佛，而兩人的合作也就此終止。

而正是在分開後的這段時期，古斯做出了宇宙學歷史上最重大的突破之一。他發現，如果宇宙誕生在一個能量很高的假真空環境裡，它就會被假真空的能量推動而向外膨脹。這就像是烤箱裡的麵糰，會受到烤箱的熱量而膨脹成麵包。更關鍵的是，古斯發現在這種情況下，宇宙一定會發生指數式的急遽膨脹。而這正是前面說過的暴脹。

這個研究，讓古斯在 1981 年發表了一篇劃時代的論文，正式提出了暴脹的概念。這篇論文，讓古斯在學術界一夜成名。遺憾的是，戴自海沒被列為這篇論文的作者。

為什麼古斯的暴脹理論能一夜爆紅呢？原因在於，它一口氣解決了三個困擾物理和天文學界的超級難題。

第一個是磁單極子問題：為什麼我們完全找不到磁單極子？

為了便於理解，我還是打個比方。將一把花瓣撒到一盆水中，你肯定能很輕易地在這盆水中把花瓣都找出來。如果把花瓣當成是磁單極子，磁單極子問題就是在問：為什麼按理說很容易找到的花瓣，卻完全找不到了？

暴脹理論對此問題的答案是，這盆水在轉瞬之間就變得和太平洋一樣大了。現在，你還能在太平洋中把這些花瓣都找出來嗎？顯然是做不到了。

第二個是平坦性問題：為什麼宇宙會如此平坦，以至於我們完全察覺不到空間本身的彎曲？

在日常生活中，我們對平坦和彎曲的概念一直局限在二維。比如說，桌子表面是平坦的，皮球表面是彎曲的，而兩者都是二維的。這是因為，我們生活在三維空間，所以只能感知二維的平坦和彎曲。

假設有一隻生活在二維世界中的小螞蟻，它該如何判斷自己所處的二維空間到底是平坦還是彎曲呢？有個簡單的辦法：它可以在自己的二維空間內畫一個三角形，然後測量此三角形的三個內角之和。如果內角之和等於 180°，它所處的空間就是平坦的；如果內角之和大於 180°，它所處的空間就彎成了一個球的形狀；而如果內角之和小於 180°，它所處的空間就彎成了一個馬鞍的形狀。

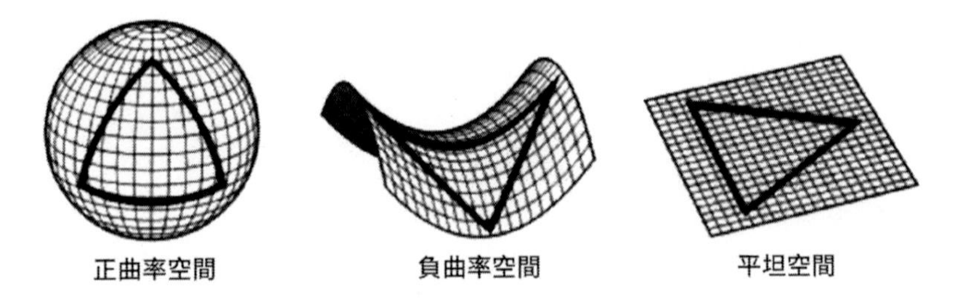

讓我們回到三維世界。現在問題來了：怎麼判斷我們的三維空間到底是平坦的還是彎曲的呢？答案是，同樣可以用畫三角形的辦法判斷[004]。這意味著，類似於二維空間，三維空間也可以處於平坦或彎曲的狀態。

現在你已經知道，從理論上講，宇宙既可以是平坦的，也可以是彎曲的。因為平坦的狀態只有一種，而彎曲的狀態

[004] 「數學王子」高斯（Gauss）就曾這麼做過。他是世界上最早懷疑我們生活的三維空間其實並不平坦的人之一，為此他還專門跑到德國的深山裡測過三角形的內角和。不過此事，高斯是偷偷摸摸乾的。因為他怕別人知道以後，會嘲笑他是神經病。

有無數種，所以從機率的角度來說，宇宙處於彎曲狀態的可能性要大得多。但實際的天文觀測顯示，我們的宇宙是平坦的。這就很奇怪了。為什麼宇宙會恰恰處於可能性最小的平坦狀態呢？這就是所謂的平坦性問題。

暴脹理論對此問題的答案是，無論宇宙在創生之初是什麼形狀，暴脹都能把它抹平。舉個現實生活中的例子。如果給你一顆小玻璃球，你一眼就能看出它是彎曲的。現在把這顆玻璃球變得和地球一樣大，你還能一眼看出它並不平坦嗎？顯然就不行了（我們每天生活在地球上，根本察覺不到大地其實是球形的）。這意味著，半徑越大的圓球，其彎曲程度就越小。暴脹迅速放大了整個宇宙的尺寸，抹平了宇宙創生之初的空間彎曲。

第三個是視界問題：為什麼宇宙會這麼均勻，到處看起來都一樣？

為了便於理解，我還是打個比方。有一群考生，在同一間教室裡參加了一場兩小時的考試。後來老師在批改考卷的時候，發現所有人的答案都完全相同，就連錯誤都一模一樣。這該怎麼解釋呢？很明顯，唯一的可能就是這些考生互相對了答案；或者說，他們彼此之間交流了資訊。

現在有兩批考生，其中一批人待在地球，而另一批人待在離地球 4.3 光年之遙的比鄰星，他們都在同一時間參加了

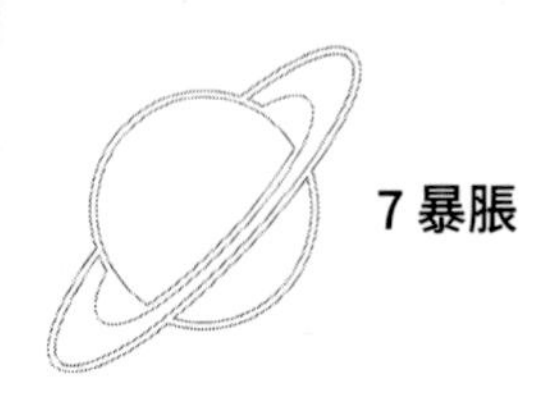

一場兩小時的考試。你猜結果如何？所有人的答案依然完全相同，就連錯誤都一模一樣。

這就很詭異了。答卷一模一樣，說明他們之間肯定交流了訊息。但這兩批考生相距 4.3 光年之遙，即使用速度最快的光，也要花整整 4.3 年才能把答案傳過去。那他們是用什麼辦法，在短短兩小時的時間內就完成了資訊的交流？

這個問題可以擴展到整個宇宙。從目前的天文觀測來看，在足夠大的尺度上，宇宙中的物質分布地特別均勻，以至於到處看起來都一模一樣。這說明，過去一定發生了資訊的交流。但整個宇宙又這麼大，即使是速度最快的光也不可能跑完，那它們到底如何完成資訊的交流？換言之，宇宙如何完成超光速的資訊交流？這就是所謂的視界問題。

暴脹理論對此問題的答案是，這兩批考生一直待在同一間教室，只是由於暴脹讓空間本身發生了急遽膨脹，讓這兩批考生之間的距離拉大到了 4.3 光年。其實在考試剛開始的時候，他們就已經完成了資訊的交流。

由於一口氣解決了磁單極子問題、平坦性問題和視界問題這三大科學疑難，暴脹理論一躍成為學術界最主流的宇宙創生理論。古斯也因此結束了顛沛流離的生涯，直接被破格提拔為麻省理工學院的正教授。

但沒過多久一些科學家就發現，古斯的理論其實存在著一個很大的缺陷。

前面講過，在創生之初，宇宙處於一個能量很高的假真空環境。所以它會被假真空的能量推動做指數式的膨脹，這就是所謂的暴脹。不過，暴脹中的宇宙若想順利變成我們今天看到的樣子，必須要同時滿足兩個條件。

第一個條件，它要能及時地從假真空環境逃到真真空環境，才能讓暴脹結束。你可以把假真空當成是給宇宙吃的興奮劑。運動員偶爾吃一點興奮劑，能夠大幅度提高運動成績；但他要是每天都把興奮劑當飯吃，肯定活不久。同樣地，如果宇宙只在假真空環境下待一小段時間，就能靠暴脹解決一系列宇宙難題；但要是在假真空環境下待得太久，肯定會被暴脹扯得粉碎。

第二個條件，它要能在逃離假真空環境的過程中獲得能量，引發宇宙大爆炸（宇宙大爆炸的內容，我們下節課再詳

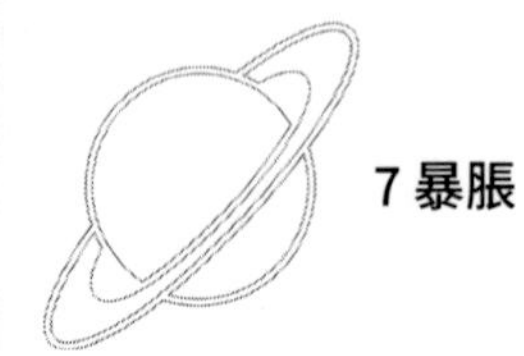

細介紹）。這是因為暴脹只是一個起點，之後還必須發生一次大爆炸，才能讓宇宙逐漸變成今天的樣子。要想引發大爆炸，就需要大量的能量。換句話說，要是不能在逃離假真空的過程中獲得能量，宇宙大爆炸就無法發生。

知道了這兩個條件，就可以講講古斯理論的缺陷了。按照古斯的理論，假真空是一個比真真空海拔更高的山谷。如果把剛剛誕生的宇宙當成一個皮球，那麼它就誕生在一個假真空的山谷中。由於假真空山谷的周圍都是比它能量更高的山坡，皮球很難從這個山谷中跑出去。

古斯認為，宇宙皮球可以用「量子穿隧」（Quantum tunneling）的方式逃離。為了便於理解，你可以把量子穿隧想像成《哈利波特》中的一個咒語：「現影術。」只要揮舞魔杖並念出這個咒語，你就能從原先待的地方消失，並憑空出現在另一個地方。量子穿隧也能達到類似的效果。這樣一來，原本誕生在假真空山谷中的宇宙皮球，在發生了量子穿隧以後，就能直接跑到真真空山谷了。

但問題在於，宇宙要是真的透過量子穿隧的方式逃離假真空，那它就無法獲得任何能量了。做個類比，如果一個皮球從山頂上滾下來，那麼當它滾到山腳時，會達到最大的速度。這是因為，皮球在山頂的重力位能會轉化為它在山腳的動能。但如果皮球用現影術下山，那麼它的運動狀態就不會發生改變：下山前靜止，下山後也還是靜止。換句話說，皮球用量子穿隧的方式下山，就無法獲得任何能量。

同樣的道理，宇宙要是透過量子穿隧的方式，從假真空環境跑到真真空環境，也無法獲得任何能量。換句話說，按照古斯的理論，根本沒辦法引發宇宙大爆炸。

最早化解這個危機的人，是暴脹學派的二號人物安德烈·林德（Andrei Linde）。而林德提出的解決之道，叫做慢滾暴脹（slow-roll inflation）理論。

慢滾暴脹理論說的是，宇宙並非誕生於一個假真空的山谷，而是誕生於一個假真空的山頂平臺。很明顯，皮球在山頂平臺上也能保持靜止，所以這個山頂平臺同樣可以被視為真空。

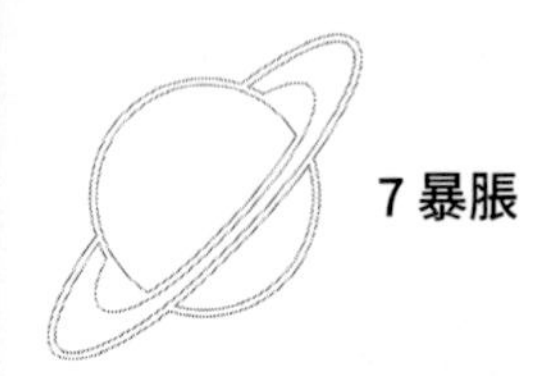

山頂平臺的邊緣，是通往真真空山谷的山坡。這樣一來，皮球要離開山頂，就不再需要依靠量子穿隧，而可以沿著山坡正常地滾下來。換句話說，如果宇宙誕生之初就位於一個假真空的山頂平臺上，那麼它就能沿著平臺邊緣的山坡直接滾落到真真空的山谷，自然而然地獲得引發大爆炸的能量。這種讓宇宙從假真空平臺上慢慢滾下來的暴脹，就是所謂的慢滾暴脹。

慢滾暴脹概念的提出，補足了暴脹理論的最後一個缺陷，讓暴脹理論成為一個真正意義上的諾貝爾獎等級的發現（時至今日，暴脹理論已經拿遍了除諾貝爾獎以外的所有科學界的大獎）。

最後，我再介紹暴脹理論的一個特別震撼的推論。

1983 年，美國物理學家保羅・斯泰恩哈特（Paul Steinhardt）開啟了暴脹理論的潘朵拉魔盒，也就是所謂的永恆暴脹。它說的是，暴脹一旦開始，就永遠都不會結束。

為了更好地解釋永恆暴脹，我還是打一個比方。前面說過，要想製造一次暴脹，關鍵是要有一個假真空，也就是一個能量較高的真空。現在把假真空想像成一棵巨大無比的蘋果樹。蘋果樹的養分能在枝頭結出蘋果，就像假真空的能量能在某個空間區域造出一個暴脹的宇宙。當蘋果長到足夠大的時候，就會掉落；然後蘋果樹又可以結出新的蘋果。同樣地，當宇宙膨脹到足夠大的時候，就會掉到真真空的山谷，然後假真空又可以製造新的暴脹宇宙。換句話說，永恆暴脹理論認為，假真空是一棵能夠不斷結出宇宙的蘋果樹，而我們的宇宙只是它結出的眾多蘋果中的一個。

要想理解永恆暴脹理論所帶來的巨大衝擊，不妨先回顧一下歷史。400 多年前，望遠鏡的發明讓學術界意識到，我

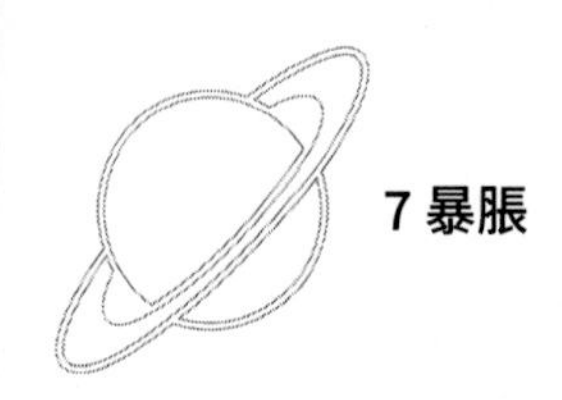

們的太陽並非銀河系中唯一的恆星；100 多年前，標準燭光的發現讓學術界意識到，我們的銀河系並非宇宙中唯一的星系；而 1983 年，永恆暴脹理論的提出則讓學術界意識到，就連我們的宇宙也不見得是唯一的宇宙。這就是所謂的多元宇宙（按照弦論的觀點，永恆暴脹所能創造的宇宙數量，大概是 10 的 500 次方，也就是說，總共有 10 的 500 次方顆能產生宇宙的「蘋果樹」）。

時至今日，絕大多數的宇宙學家都已經接受了多元宇宙的概念。特別有趣的是，這個概念居然在民眾之間也頗受歡迎。比如說，美國著名的漫畫公司漫威，就把旗下諸多超級英雄所處的世界稱為漫威多元宇宙。

我們已經介紹了宇宙創生後發生的第一件事，也就是暴脹。那麼，暴脹之後宇宙又發生了什麼呢？

欲知詳情，請聽下回分解。

8 宇宙大爆炸

8 宇宙大爆炸

上節課的結尾，我們提出了這樣一個問題：暴脹之後宇宙又發生了什麼呢？

答案是，宇宙大爆炸。

人類發現宇宙大爆炸的歷史，得從一位比利時的天主教神父說起。他叫喬治·勒梅特（George Lemaître）。

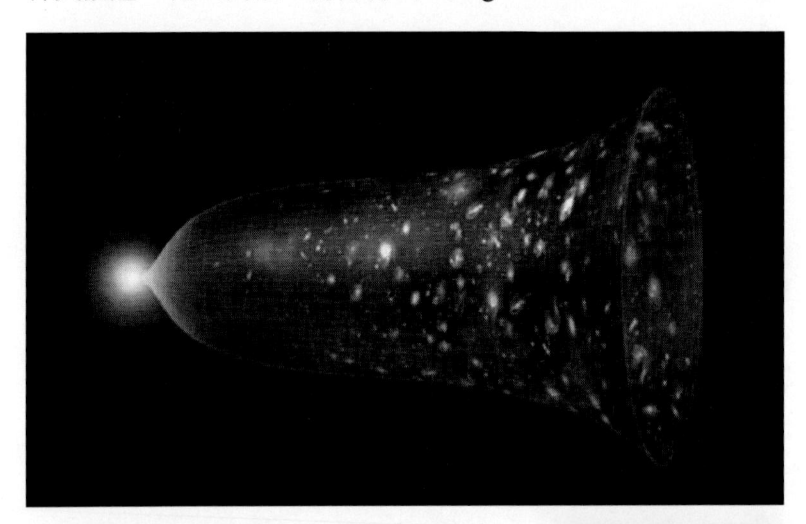

勒梅特參加過第一次世界大戰，並因為作戰英勇而獲得過鐵十字勛章。「一戰」後，他上了一所神學院，並被任命為天主教牧師。隨後，他利用比利時政府提供的獎學金，先後前往劍橋大學、哈佛大學和麻省理工學院留學，並拿到了博士學位。

1925 年，在比利時魯汶大學找到固定教職的勒梅特，開始研究一個非常艱深的課題，那就是愛因斯坦的廣義相對論（General Relativity）。

廣義相對論是愛因斯坦一生中最偉大的理論。它已經超越了牛頓萬有引力定律，成了目前世界上最主流的引力理論[005]。

廣義相對論最核心的公式是圖 13 所示的愛因斯坦場方程式（Einstein field equations）。你不需要知道這個方程的細節。只要知道，方程的左式描述了宇宙的時空結構，而方程的右式描述了宇宙的物質分布；所以美國物理學家約翰·惠勒（John Wheeler）認為廣義相對論的本質是，「物質告訴時空如何彎曲，而時空告訴物質如何運動」。

圖 13

重點來了。愛因斯坦最早寫下這個場方程式的時候，並不包括左式中的第三項。但他很快發現，在引力的作用下，

[005] 由於篇幅所限，這裡就不展開介紹廣義相對論了。對廣義相對論物理圖像感興趣的讀者，可以參閱我之前寫的《宇宙奧德賽：漫步太陽系》一書的 4.2 節。

宇宙將無法保持靜止的狀態。所以，愛因斯坦就在他的場方程式中，引入了左式的第三項，也就是所謂的宇宙常數項（cosmological constant）。宇宙常數項能產生斥力，與引力達成平衡；這樣一來，宇宙就可以處於永恆不變的靜止狀態。

勒梅特認為，宇宙常數項的引入非常突兀，根本就沒什麼道理。所以他想搞清楚，如果去掉這個宇宙常數項，會對宇宙學有什麼影響。

勒梅特的研究顯示，如果愛因斯坦場方程式中沒有宇宙常數項，那麼宇宙就必須處於不斷膨脹的狀態；而且勒梅特預言，星系的退行速度應該與它們到地球的距離成正比。這恰好就是後來哈伯所發現的哈伯定律。

勒梅特並沒有就此止步。他嘗試倒放宇宙的電影。如果宇宙真的在膨脹，那麼過去的宇宙一定比現在的宇宙要小。隨著時間的倒流，宇宙會越來越小，直到把所有的天體都擠進一個超小型的宇宙。勒梅特就把這個最初的超小型宇宙稱為「原始原子」（primeval atom）。

一些大質量的原子（例如鈾原子）會發生放射性衰變（Radioactive Decay），分裂成較小的原子，並向外發射粒子和能量。所以勒梅特猜想，原始原子也會發生放射性衰變；衰變所放出的能量推動了宇宙的膨脹，而衰變所產生的物質凝聚成了星系和恆星。

宇宙起源於一個原始原子的放射性衰變，這就是勒梅特提出的「原始原子假說」。它正是宇宙大爆炸理論的雛形。

1927 年，勒梅特在一次物理學會議上見到了愛因斯坦。他連忙湊到愛因斯坦身邊，向這位科學巨人介紹自己提出的宇宙膨脹模型和原始原子假說。

結果，愛因斯坦完全不屑一顧。他告訴勒梅特，宇宙膨脹並不是什麼新鮮事物；早在 5 年前，就已經有一個叫傅利曼（Friedmann）的數學家提出了相同的理論（勒梅特此前並不知道傅利曼的工作，所以宇宙膨脹的猜想是傅利曼和他各自獨立地提出的）。至於原始原子假說，愛因斯坦的評價是：「你的計算是正確的，但你的物理是可憎的。」

愛因斯坦的敵意和打壓讓勒梅特心灰意冷，而原始原子假說也被學術界打入了冷宮。但沒過幾年，勒梅特就「鹹魚翻身」了。這是因為，哈伯和赫馬森發現的哈伯定律竟然與勒梅特的理論預言一模一樣。這樣一來，勒梅特就得到了包括英國大天文學家亞瑟·愛丁頓（Arthur Eddington）在內的一眾學術界權威人士的支持。最後，就連愛因斯坦都放棄了自己的靜態宇宙模型，宣稱引入宇宙常數項是他「一生中最大的錯誤」[006]。

[006] 詭異的是，到了 20 世紀末，情況竟然再次發生反轉。以今天的眼光來看，宇宙常數不但不是愛因斯坦犯的錯誤，反而有可能是他最偉大的洞見。

但後來人們意識到，勒梅特的原始原子假說依然存在著一個很大的缺陷：它根本無法解釋宇宙中主要化學元素的豐度。

為了講清楚這個問題，我們先從人們比較熟悉的化學元素週期表說起。這張表記錄了人類目前發現的所有化學元素，其中排在前兩位的元素，是氫和氦[007]。

天文觀測顯示，氫和氦的質量能占宇宙中所有化學元素總質量的99%；而氫和氦的質量之比，正好是3：1。為什麼氫和氦的質量之比正好是3：1呢？這就是所謂的宇宙元素豐度問題。

最早破解這個超級難題的是一位傳奇人物。他就是俄裔美籍物理學家喬治·加莫夫（George Gamow）。

[007] 氫原子由一個氫原子核和一個電子構成，氫原子核包含一個質子；氦原子由一個氦原子核和兩個電子構成，氦原子核包含兩個質子和兩個中子。

加莫夫大學就讀於列寧格勒大學，師從於我們前面提到過的、最早指出宇宙可能在膨脹的俄國數學家傅利曼。不過，當時的加莫夫對宇宙學毫不關心，他真正感興趣的是量子力學及核物理。拿到博士學位以後，他跑到哥本哈根大學和劍橋大學做博士後研究，並在核物理的領域做出了世界級的成果。一家蘇聯的報紙對此進行了專題報導，並宣稱：「一位蘇維埃學者向西方表示，在俄羅斯的土地上也能產生自己的柏拉圖和牛頓。」

27 歲那年，加莫夫回到蘇聯，併成為了列寧格勒大學的教授。但沒過多久，他就發現自己在蘇聯過得很不開心，所以就想帶著自己的妻子離開蘇聯。

他曾和妻子一起前往一個位於蘇聯北部邊境的小村莊，希望橫渡北極水域跑到挪威，但因為有很多士兵把守邊境線，不得不鎩羽而歸。他也曾和妻子一起划一艘輕艇，希望能橫渡黑海到土耳其，結果遇到了一場大風暴，把他們的輕艇打回了蘇聯的海岸。

後來在大物理學家尼爾斯・波耳（Niels Bohr）和瑪麗・居禮（Marie Curie）的幫助下，加莫夫利用一次出國開會的機會，成功地離開了蘇聯。30 歲那年，他移民美國，成為華盛頓大學的教授。

當時的加莫夫主要關心一個原子核物理學的課題，即發

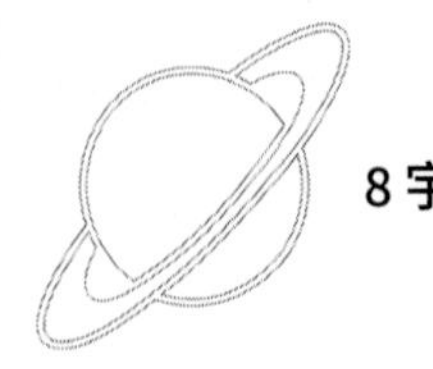

生在恆星中心區域的氫融合（也就是 4 個氫核融合為 1 個氦核的過程）。加莫夫發現，恆星產生氦的速率非常慢：大概要花 270 億年，才能讓氫和氦的質量之比達到 3 ： 1。這意味著，恆星中心區域的氫融合，並不是宇宙中最主要的產生氦的方式。那麼，宇宙中如此之多的氦，到底從何而來？

正是這個問題，把加莫夫的目光引向了宇宙起源之謎。

加莫夫猜想，宇宙創生之初的極端高溫會把所有的物質結構都打碎。因此，充斥在極早期宇宙中的只能是一鍋由質子、中子、電子和光子混合而成的「熱湯」。加莫夫把這鍋熱湯稱為「ylem」。「ylem」是一個已被廢棄的古英語單字，它的意思是「構成元素的原始物質」。

隨著宇宙的不斷膨脹，這鍋由質子、中子、電子和光子混合而成的「ylem」的溫度，也會不斷降低。當宇宙溫度降到某個臨界值的時候，「ylem」就會開始進行氫融合；而當宇宙溫度繼續降到另一個臨界值的時候，「ylem」就會終止氫融合。在此期間，宇宙就可以產生大量的氦。這個過程，就是所謂的「太初核合成」（Big Bang nucleosynthesis）。

順便多說一句。按加莫夫的原意，這個太初核合成的過程其實就是宇宙大爆炸。

這是一個非常天才的構想。但問題是，計算太初核合成過程中發生的各種核反應，是一件極端複雜的事情。加莫夫的數學不好，根本無力完成這麼複雜的計算，所以他面臨的是一種幾乎絕望的困境。

直到 1945 年，加莫夫才看到了走出這個困境的曙光。他遇到了一個堪稱數學天才的年輕人，名叫拉爾夫·阿爾弗（Ralph Alpher）。

16 歲那年，阿爾弗拿到了麻省理工學院（Massachusetts Institute of Technology，MIT）的全額獎學金。但不幸的是，在與 MIT 校友聊天的時候，阿爾弗不小心透露了自己的猶太血統，這導致他的獎學金被直接取消。無奈之下，阿爾弗只好選擇白天工作，晚上念華盛頓大學的夜校。最終，他透過這樣的方式，拿到了自己的學士學位。

正是在此期間，加莫夫遇到了阿爾弗。這個年輕人的數學才華，讓加莫夫眼前一亮。因此，他立刻將阿爾弗招收為自己的博士生。

加莫夫和阿爾弗對太初核合成的研究持續了整整 3 年。他們完成了一個跨學科的壯舉：用原子核物理學的知識來研究宇宙起源。最終的計算結果顯示，在太初核合成的末期，差不多每 10 個氫原子核能生成 1 個氦原子核。這樣一來，當太初核合成結束後，氫和氦的質量之比就會達到 3 ： 1。這意味著，宇宙大爆炸理論能夠完美地解釋氫元素和氦元素的

豐度。這是繼成功預言哈伯定律以後，宇宙大爆炸所取得的又一次重大勝利。

為了宣布這個重大突破，加莫夫和阿爾弗用他們最終的計算結果和結論，寫了一篇名為〈化學元素的起源〉的論文。這篇論文在 1948 年 4 月 1 日，也就是愚人節的那天，發表在了《物理評論》（*Physical Review*）雜誌上。這是一篇很有愚人節特色的論文。因為加莫夫把自己一個與此論文毫無關係的朋友漢斯·貝特（Hans Bethe，1967 年諾貝爾物理學獎得主），強行塞進了作者的列表。加莫夫之所以要這麼做，是為了讓此文三個作者的名字 —— 阿爾弗、貝特、加莫夫，連起來能湊成 α、β、γ。

因此，後人也把這篇愚人節論文，稱為 αβγ 論文。

這篇 αβγ 論文，無疑是宇宙學史上的一座里程碑。它證明了一鍋由質子、中子、電子、光子混合而成的「熱湯」，就足以最終演變成我們今天看到的宇宙。

因為這篇論文，阿爾弗開始申請他的博士學位。最後的博士答辯，吸引了一大批華盛頓的記者。他們注意到了阿爾弗在答辯時說的一個結論：氫和氦的太初核合成，只發生在最初的 300 秒以內。然後，這句話成為多家美國報紙的頭條新聞。《華盛頓郵報》就寫道：「世界始於最初的 5 分鐘。」

宇宙的演化

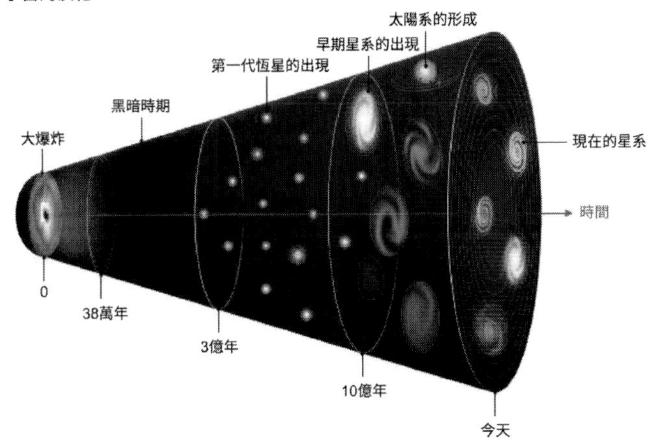

後來的研究顯示，宇宙創生的時間（即太初核合成結束的時間）大概是 3 分鐘。接下來，我就用現代的觀點，為你播放一下這部宇宙創生的電影。

在 138 億年前的某個時刻，宇宙誕生。此時，宇宙的體積為 0，溫度無限高，密度無窮大，這就是宇宙奇點。目前，人類對宇宙奇點還一無所知。

在誕生後的 10^{-43} ～ 10^{-35} 秒裡，是宇宙的最早時間階段，被稱為「普朗克時期」（Planck epoch）。在此期間，自然界中的四種基本力，即引力、電磁力、強核力和弱核力，還屬於同一種力，即超力（superforce）[008]。到了 10^{-35} 秒，宇宙

[008] 很多物理學家相信，引力、電磁力、強核力和弱核力在宇宙創生之初是統一的；隨著宇宙溫度的下降，這四種力就逐一分離出來。

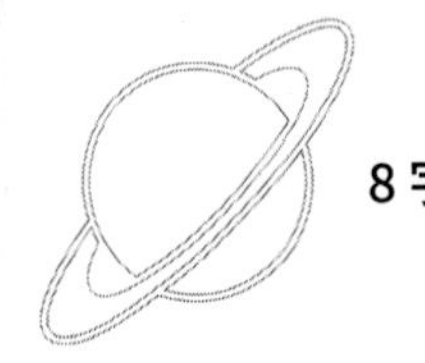

溫度下降到 10^{27}°C，此時發生第一次宇宙相變 [009]，讓引力從超力中分離出來。

在誕生後的 10^{-35} ～ 10^{-32} 秒裡，宇宙處於暴脹時期。在此期間，宇宙總體積至少膨脹了 1.6×10^{60} 倍，相當於從一棟兩層小樓瞬間變得和整個銀河系一樣大。上一節講過，由於這個急遽地膨脹，磁單極子問題、平坦性問題和視界問題這三大疑難，全都迎刃而解。這段時期的另一件大事，是發生了第二次宇宙相變，讓強核力也從超力中分離出來。到了 10^{-32} 秒，宇宙脫離了假真空的環境，暴脹也隨之終止。

在誕生後的 10^{-32} ～ 10^{-10} 秒裡，宇宙處於物質形成時期。此前的暴脹讓宇宙溫度急遽下降。但是宇宙在脫離假真空環境的過程中又獲得了大量的能量（參閱上一節講的慢滾暴脹理論），而這些能量又為宇宙重新加熱。此後，宇宙中充斥著正反物質 [010]，主要是夸克（夸克是一種比質子和中子更基本的微觀粒子。事實上，質子和中子都是由三個夸克構成的）、反夸克、電子和反電子。隨著溫度的下降，正反物質會發生湮滅（Annihilation，一個正物質粒子與它的反物質粒子相撞後，會一起消失，轉化成兩個光子。這個現象就是湮滅）。由

---

[009] 相變是指在某種臨界條件下，事物從一種狀態突變到另一種狀態的現象，例如，溫度降到 0°C時的水變冰。

[010] 反物質與物質的唯一區別，是它們所帶電荷的符號不同。比如說，質子帶正電荷，而反質子帶等量的負電荷；電子帶負電荷，而反電子帶等量的正電荷。

於某種原因，在宇宙中正物質粒子的數量比反物質粒子的數量要多 10 億分之一。等正反物質互相湮滅後，這多出來的 10 億分之一的物質，就逐漸演化成了我們今天看到的宇宙。

到了 10^{-10} 秒，宇宙溫度下降到 10^{15}°C，此時發生了弱電相變，讓弱核力和電磁力也分離開來。

在誕生後的 10^{-10} ～ 1 秒裡，宇宙處於夸克禁閉時期。在此期間，夸克互相結合，產生質子和中子。這就是加莫夫設想的那鍋由質子、中子、電子、光子混合而成，名為「ylem」的熱湯的起源。到了秒的時候，宇宙溫度下降到 10^{15}°C，啟動氫核合成過程。

而在誕生後的 1 秒至 3 分鐘裡，宇宙處於太初核合成時期（按照 αβγ 論文的原意，太初核合成就等同於宇宙大爆炸）。在此期間，由質子、中子、電子、光子混合而成的熱湯一直在進行核融合反應。到了 3 分鐘的時候，核融合終止。此時宇宙變成了一個由氫和氦構成的火球，且氫和氦的質量之比為 3 ： 1；此外，在火球中也有少量的鋰元素。

時至今日，這個看起來玄乎其玄的宇宙大爆炸理論，早已成為學術界最有名、也最成功的宇宙起源理論。

為什麼宇宙大爆炸理論能取得如此巨大的成功？

欲知詳情，請聽下回分解。

很多物理學家相信，引力、電磁力、強核力和弱核力在

宇宙創生之初是統一的；隨著宇宙溫度的下降，這四種力就逐一分離出來。

相變是指在某種臨界條件下，事物從一種狀態突變到另一種狀態的現象，例如，溫度降到 0°C時的水變冰。

反物質與物質的唯一區別，是它們所帶電荷的符號不同。比如說，質子帶正電荷，而反質子帶等量的負電荷；電子帶負電荷，而反電子帶等量的正電荷。

9 宇宙微波背景輻射

9 宇宙微波背景輻射

上節課的結尾，我們提出了這樣一個問題：為什麼宇宙大爆炸理論能取得如此巨大的成功？

原因是，人類後來找到了宇宙大爆炸最核心的理論預言，即宇宙微波背景輻射（Cosmic Microwave Background）。

人類探索宇宙微波背景的故事，得從一個之前已經登過場的人物講起。他就是 αβγ 論文中的那個 α，拉爾夫·阿爾弗。

前面我們講過，加莫夫為了把作者列表湊成 αβγ，強行把他的朋友貝特拉進了作者名單。加莫夫開的這個玩笑，讓一個人感到極端不滿，此人就是阿爾弗。

阿爾弗擔心，一旦加入貝特的名字，就會大大降低學術界對自己的評價。大家會認為，這篇提出宇宙大爆炸和太初核合成概念的論文主要是加莫夫和貝特的功勞，自己只是在給這兩個大科學家打工罷了。

所以，阿爾弗就需要甩開自己的導師加莫夫，單獨完成一項關於宇宙大爆炸的研究工作。這樣一來，他才能證明自己是一個足以獨當一面的科學研究人才。

阿爾弗開始與一位叫羅伯特·赫爾曼（Robert Hermann）的同事合作，進一步研究宇宙大爆炸理論。他們最關心的問題是，宇宙大爆炸有沒有一個能被天文觀測檢驗的理論預言（氫和氦的宇宙豐度不算。因為早在宇宙大爆炸理論提出前，人們就已經知道了宇宙中氫和氦的質量之比是 3 ： 1）。換句話說，他們想知道，有沒有能被天文觀測看到的宇宙大爆炸的遺跡。

說到這裡，你可能會覺得匪夷所思了。一場發生在 138 億年前的大爆炸，怎麼可能會留下今天還能看到的遺跡？但是阿爾弗和赫爾曼的研究顯示，還真有一樣東西能留得下來，那就是宇宙大爆炸的火球所發出的光。

不過，這並不是宇宙創生之初所發出的光。這是因為，創生之初的火球過於熾熱。在如此高溫下，原子核無法與電子結合形成原子。此時的宇宙，就是一鍋由原子核和自由電子混合而成的等離子體湯（等離子體是不同於固態、液態、氣態的第四種物態。其核心特徵是，原子核和電子各自獨立，無法結合成原子）。

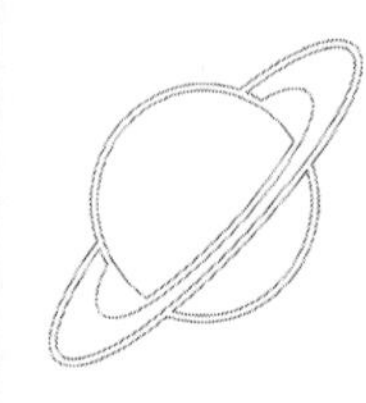

9 宇宙微波背景輻射

在這個充斥著等離子體湯的宇宙火球中還有大量的光子。光子非常容易與帶電粒子發生相互作用。這意味著，只要宇宙的溫度較高，就會讓光處於一種被囚禁的狀態。

一直到宇宙誕生後38萬年後，宇宙火球的溫度才下降到3,000℃。此時，原子核才能與電子結合形成原子，這就是所謂的宇宙複合時期。此後，就沒有帶電粒子來干擾光子的運動了。這樣一來，光就可以在宇宙中自由傳播了。

宇宙誕生38萬年後發出的光，在經歷了138億年的悠悠歲月後，終於到達地球。這些光的波長，全都被宇宙膨脹拉伸到微波的波段。這些在宇宙誕生38萬年後發出的、目前已處於微波波段的光，就是所謂的宇宙微波背景。而宇宙微波背景，就是能被天文觀測看到的、宇宙大爆炸的理論預言。

1948年年末，阿爾弗和赫爾曼在《自然》雜誌上發表了一篇論文。這篇論文首次提出宇宙微波背景的概念。他們指出，如果宇宙大爆炸理論是對的，那麼我們就能在地球上接收到來自宇宙各個方向、波長為公釐量級的微波訊號。

從某種意義上講，這是一篇比αβγ論文還要重要的史詩級論文。它讓看似虛無縹緲的宇宙大爆炸理論登堂入室，成為一門真正意義上的現代科學。

不過，身為宇宙大爆炸理論的先驅，加莫夫、阿爾弗和赫爾曼的前路依然遍布荊棘。

有個流傳甚廣的說法：如果你領先一個行業 1 年，就會成為這個行業的先驅；如果你領先一個行業 10 年，就會成為這個行業的先烈。

加莫夫、阿爾弗和赫爾曼，就成為了宇宙學的先烈。

在此後的 5 年時間裡，他們一直嘗試說服天文學家去尋找宇宙微波背景。但是，根本沒有任何人回應。由於天文學界對宇宙大爆炸理論的巨大冷漠，他們在 1953 年放棄了對宇宙起源的進一步研究。加莫夫還是留在學術界，但把大量精力都拿去寫科普書了。至於阿爾弗和赫爾曼，則先後放棄了學術界的生涯，轉行去了工業界。

隨著加莫夫、阿爾弗和赫爾曼的離去，宇宙大爆炸理論就陷入了漫長的沉寂。直到 11 年後，由於另一個人的出現，宇宙大爆炸理論才得以重見天日。此人就是美國天文學家羅伯特·迪克（Robert Dicke）。

迪克是普林斯頓大學的天文系教授，同時也是一個擁有 50 多項專利的發明家。他發明過一種叫迪克輻射計的裝置，該裝置能以很高的靈敏度探測波長為 1 公分的微波訊號。而這個迪克輻射計，後來也成了所有電波望遠鏡的核心裝置。

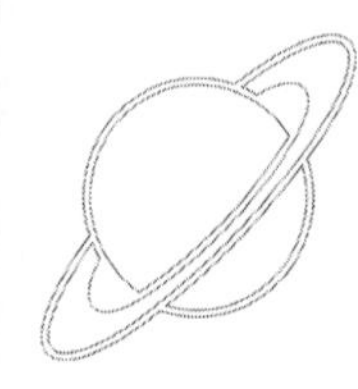

到了 1960 年代，迪克突然對宇宙起源問題產生了興趣。他和自己的得意弟子詹姆士·皮博斯（James Peebles）一起，研究了宇宙創生之初產生的火球。而他們最關心的課題是，這個火球可不可能留下足以被電波望遠鏡看到的遺跡。

迪克和皮博斯的研究，最後變成了一篇兩人合寫、於 1964 年發表的論文。在這篇論文中迪克和皮博斯預言，宇宙大爆炸一定會留下宇宙微波背景，而後者完全可以被電波望遠鏡看到。不幸的是：在寫這篇論文以前，迪克和皮博斯並沒有做充分的文獻調查；所以，他們沒有發現加莫夫、阿爾弗和赫爾曼早已做過相同的研究。因此，這篇論文隻字未提加莫夫、阿爾弗和赫爾曼的工作。

迪克並不打算止步於此。他決定自己造一個電波望遠鏡，來搜尋宇宙大爆炸留下的宇宙微波背景。如果真能找到這個宇宙微波背景，那將成為天文學史上的一座里程碑。但迪克的夢想，卻因為他在一年後接到的一通電話，化為了泡影。

打這通電話的是貝爾實驗室的兩個研究人員，阿諾·彭齊亞斯（Arno Penzias）和羅伯特·威爾遜（Robert Wilson）。

1960 年代初，貝爾實驗室在紐澤西州的克勞福德山上，造了一個跨度 6 公尺的「大喇叭」。這是一個可以 360°旋轉的天線，最初被設計用來接收一顆軍事衛星發回地球的無線電波訊號。專案結束後，這個天線被改造成了一個電波望遠鏡。彭齊亞斯和威爾遜的工作，就是用這個喇叭狀的電波望遠鏡掃描天空，研究天上的各種無線電波源（即能發出無線電波的天體）。

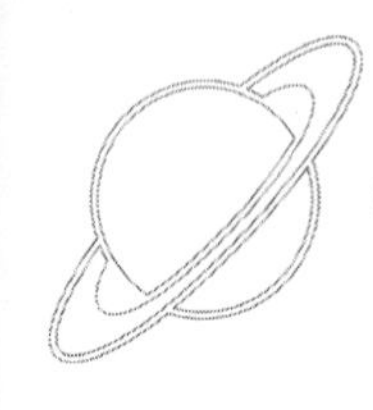

9 宇宙微波背景輻射

萬萬沒想到，這成了兩人「噩夢」的開始。

從建好望遠鏡的第一天起，彭齊亞斯和威爾遜就遇到了一個巨大的麻煩：他們的「大喇叭」會持續不斷地收到一種特定頻率的雜訊，類似於電視機收不到電視臺訊號時出現的那種雪花畫面。更詭異的是，不管他們如何調整「大喇叭」的方向，這種神祕的雜訊都不會消失。換句話說，這種神祕雜訊來自於宇宙的各個方向，而且不受晝夜和季節因素的影響。

一種神祕的無線電波訊號，竟然持續不斷地從宇宙的各個方向傳來。這讓彭齊亞斯和威爾遜不禁懷疑，是這個電波望遠鏡本身出了問題。他們花了一年的時間，檢查了電波望遠鏡的每一個環節，包括所有的裝置、線路和介面。經過仔細的排查，他們終於找到了「癥結」所在：一對鴿子在大喇叭裡築了窩，並在天線上拉了很多白色的鴿子屎。彭齊亞斯和威爾遜猜測，正是這些落在天線上的鴿子屎，導致了那種神祕的雜訊。

所以，彭齊亞斯和威爾遜就抓住了這對鴿子，然後帶到50公里外的地方放生。但問題是，鴿子有歸巢的本能，沒過多久這對鴿子又飛回了大喇叭。無奈之下，兩人只好找了個獵人，以粗暴的方法解決了鴿子的問題。

然後，彭齊亞斯和威爾遜就清理了鴿子窩，並做了一番大掃除。經過一年的檢查、清潔和重新布線，彭齊亞斯和威爾遜又開啟了他們的電波望遠鏡。結果他們目瞪口呆地發現，那個困擾了他們整整一年的神祕雜訊，依然存在。

就在彭齊亞斯即將崩潰之際，一個學術圈的朋友給他帶來了福音。這個朋友給彭齊亞斯寄去了一篇論文。它正是迪克與皮博斯合寫的那篇預言宇宙微波背景輻射的論文。

看完這篇論文之後，彭齊亞斯頓時醍醐灌頂。他終於明白，已經折磨他整整一年的神祕噪聲，並不是命運的詛咒，而是上天的眷顧。

於是，彭齊亞斯就和威爾遜一起，給當時正和學生吃午飯的迪克打了一通電話。他們告訴迪克，他們已經發現了迪克想要尋找的東西。放下電話後，迪克神情落寞地告訴自己的學生：「我們被別人搶先了。」

1965 年夏天，彭齊亞斯和威爾遜在《天文物理期刊》（*The Astrophysical Journal*）上發表了一篇劃時代的論文。在這篇論文中，彭齊亞斯和威爾遜宣布，他們發現了一種來自宇宙各個方向的神祕微波雜訊。文章花了不少篇幅來描述他們是如何排查儀器故障的。

與此同時，迪克的團隊也在同一家雜誌上，發表了姐妹篇論文：他們明確地指出，彭齊亞斯和威爾遜發現的神祕微波雜訊，就是宇宙大爆炸的遺跡，即宇宙微波背景。對宇宙大爆炸學派來說，這無疑是一個最輝煌的勝利。

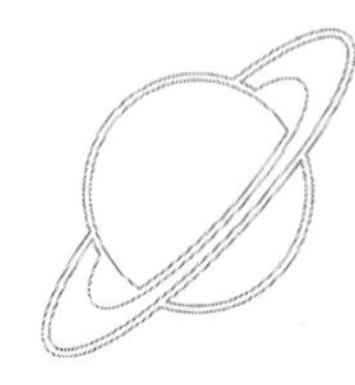

9 宇宙微波背景輻射

彭齊亞斯和威爾遜的重大發現，也引起了大眾的強烈興趣。就連《紐約時報》都以頭版頭條報導了宇宙微波背景的發現。報導引述了彭齊亞斯本人對此的描述：「當你今晚走到戶外，並摘下帽子，你的頭皮就能感受到大爆炸帶來的一絲溫暖。如果你有一個品質良好的調頻收音機，而且你站在兩個微波中繼站之間，你就會聽到『嘶－嘶－嘶』的聲音。你可能聽到過這樣的聲音。它像是一種撫慰，有時又像是海浪的拍擊聲。你聽到的聲音，大約有千分之五來自於數十億年前傳來的宇宙雜訊。」

宇宙微波背景的發現，讓沉寂多年的宇宙大爆炸理論在一夜之間就登上了科學的神壇。聽到這個消息後，加莫夫、阿爾弗和赫爾曼也回來了，但他們的喜悅中卻夾雜著苦澀。因為他們早年的開創性貢獻已經被世人遺忘了。就連發表在《天文物理期刊》上的那兩篇論文，也對他們 3 人的貢獻隻字不提。

加莫夫試圖利用一切機會在公共場合發聲，以確立自己團隊在宇宙大爆炸和宇宙微波背景領域的優先權。舉個例子，有人在一個學術會議上問加莫夫：彭齊亞斯和威爾遜發現的宇宙微波背景，是否確實是他、阿爾弗和赫爾曼曾經預言過的現象。加莫夫傲然地回答道：「好吧，讓我打個比方。我在這附近掉了一枚硬幣。現在有人在我掉硬幣的地方找到了一枚硬幣。我知道所有的硬幣看起來都一樣，但我相信這枚硬幣就是我掉的那枚。」

後來彭齊亞斯也知道了此事。他給加莫夫寫了封信，要求加莫夫提供能證明自己優先權的更多資訊。加莫夫在回信中，詳細地介紹了自己團隊之前所做的一系列研究工作。在信的結尾，加莫夫不忘諷刺地寫道：「所以你看，世界並非始於萬能的迪克。」

而阿爾弗的反應就更激烈了。他曾經向一個記者公開表達自己對彭齊亞斯和威爾遜的憤慨：「我能不失望嗎？他們考慮過我的感受嗎？他們甚至從未邀請我們去看看那個該死的望遠鏡！」

雖然迪克和皮博斯後來承認了加莫夫、阿爾弗和赫爾曼的貢獻，但是傷害已經造成。這場爭吵的結果，讓幾乎所有人都成了輸家。

宇宙微波背景的發現，讓彭齊亞斯和威爾遜獲得了 1978 年的諾貝爾物理學獎。但是對大爆炸宇宙學的建立做出了更大貢獻的那 5 位理論家（即加莫夫、阿爾弗、赫爾曼、迪克和皮博斯），卻因為種種爭議，遲遲沒能戴上諾貝爾獎的桂冠。

直到 2019 年 10 月 8 日，諾貝爾物理學獎才被授予給 5 人中最年輕的皮博斯。這回，終於不再有任何爭議了，因為其他 4 人都已經不在人世了。

我們已經講完了人類發現宇宙大爆炸的漫長而曲折的歷

史。最後，我再介紹一項關於宇宙微波背景的研究。

1989 年，由美國科學家約翰·馬瑟（John Mather）和喬治·斯穆特（George Smoot）領導的一個科學研究團隊，發射了一顆名為「宇宙背景探測者」（cosmic background explorer，COBE）的衛星。發射這顆衛星的目的，是要以更高的精度來探測宇宙微波背景。

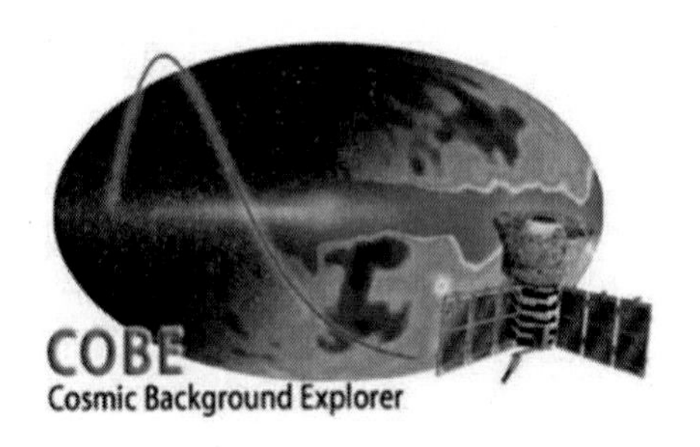

1992 年，COBE 團隊宣布他們有了一個重大發現。這個發現後來讓馬瑟和斯穆特拿到了 2006 年的諾貝爾物理學獎。

圖 14 就是讓馬瑟和斯穆特拿到諾獎的重大發現。

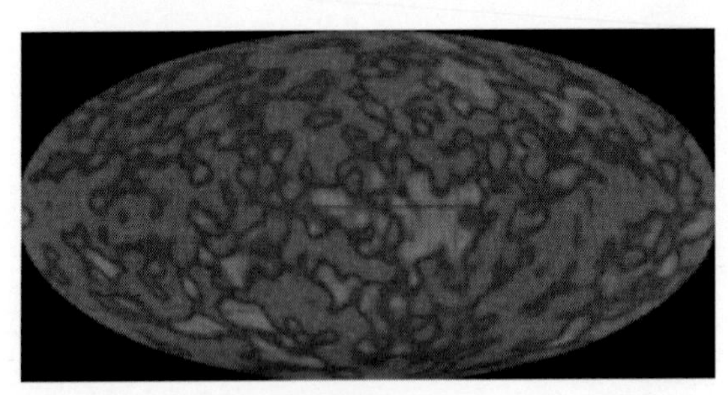

圖 14

你可以把它想像成一張地圖。準確地說，這是宇宙誕生38萬年後的宇宙地圖。圖中紅色的部分，表示宇宙中物質密集的區域；而藍色的部分，表示宇宙中物質稀疏的區域。也就是說，利用COBE衛星，馬瑟和斯穆特等發現，誕生38萬年後的宇宙存在著物質分布的微小不均勻性。這種物質分布的微小不均勻性，就是所謂的宇宙各項異性（Anisotropy）。

那麼，這個不均勻性到底有多微小呢？答案是，圖中紅色區域的物質密度比藍色區域的物質密度要大10萬分之一。

正是這區區10萬分之一的密度差異，最終演變成了我們今天所看到的恆星世界。

那麼問題來了：為什麼宇宙的密度差異會演變成恆星呢？

欲知詳情，請聽下回分解。

10 恒星的一生

10 恆星的一生

上節課的結尾，我們提出了這樣一個問題：為什麼宇宙的密度差異會演變成恆星呢？

答案是，由於宇宙版本的馬太效應（Matthew Effect）。

馬太效應源於《新約．馬太福音》中的一則寓言：一個要出遠門的人，把自己的財產託付給了三個僕人。第一個僕人分到了 5,000 銀幣，第二個僕人分到了 2,000 銀幣，而第三個僕人分到了 1,000 銀幣。許久之後，主人回來了，和三個僕人算帳。第一個僕人說：「主人，我把您給的 5,000 銀幣拿去做生意，又賺了 5,000 銀幣。」主人聽後很高興，就給他升了職。第二個僕人說：「主人，我把您給的 2,000 銀幣拿去做生意，又賺了 2,000 銀幣。」主人聽後很滿意，也給他升了職。而第三個僕人說：「主人，我把您給的 1,000 銀幣埋在了地裡，現在它們全在這裡。」主人聽後勃然大怒，立刻收回了他的 1,000 銀幣，然後全部交給了現在已有 10,000 銀幣的第一個僕人。

後來受這則寓言的啟發，美國學者羅伯特．莫頓（Robert Merton）提出了馬太效應的概念。馬太效應說的是，人類社會存在贏家通吃的現象。簡單地說，富人會越來越富，而窮人會越來越窮。

有趣的是，馬太效應不光適用於人類社會，還適用於整個宇宙：宇宙中物質比較密集的區域，會依靠自身較大的引力把周圍的物質都吸過來；而吸過來的物質多了，又能夠讓引力變得更大。如此一來，就會形成良性循環，讓該區域變得越來越密集，最終造成重力塌縮（Gravitational collapse）。知道了宇宙版本的馬太效應[011]，我們就可以介紹恆星到底如何誕生了。恆星誕生的過程，可以分為三個階段。

恆星誕生的第一階段，是從宇宙密度差異中產生分子雲（Molecular cloud）。

上節課已經講過，在宇宙創生 38 萬年後，出現了宇宙密度差異：那些物質密集區域的密度，比物質稀疏區域的密度大 10 萬分之一。這個初始的宇宙密度差異就像一顆種子，在馬太效應的滋養下會越長越大。換言之，由於馬太效應，物質密集區域和物質稀疏區域之間的密度差異會越變越大。最後，就會製造出一片物質密度遠大於宇宙平均密度的區域。這片大密度區域中的物質（主要是氫和氦）一般以分子的形式存在。所以，它就被稱為分子雲。

為了便於理解，你不妨把分子雲當成是恆星的育嬰室。而分子雲還可以再細分成三類。

最大的分子雲叫巨分子雲，一般分布在幾百光年的空間範圍內，其質量約為太陽質量的幾百上千萬倍。下圖就是一個典型的例子 —— 金牛座巨分子雲。

---

[011] 宇宙版本的馬太效應是英國天文學家詹姆斯·金斯（James Jeans）發現的，其學術名稱是金斯不穩定性（Jeans Mass）。

最小的分子雲叫包克雲球，一般分布在不超過一光年的空間範圍內，其質量約為太陽質量的幾倍。下圖就是一個位於 NGC281 星雲中的包克雲球。

介於巨分子雲和包克雲球之間的是中等質量分子雲，一般分布在幾十光年的空間範圍內，其質量約為太陽質量的幾十倍甚至上百倍。下圖就展示了一個最有名的例子 —— 位於老鷹星雲中的創生之柱。

恆星誕生的第二階段，是從分子雲中產生原恆星（Protostar）。

1947 年，荷蘭天文學家巴特 · 包克（Bart Bok）提出了一個假說：分子雲會發生碎裂，從而形成一些分子雲的碎塊。每個碎塊的中心都會出現一個非常緻密的核心，而這個核心又會進一步吸引外圍的物質。因此，分子雲核心會被它的外圍物質包裹起來，就像是一隻被蠶繭包裹起來的蠶寶寶。

最初，分子雲核心的溫度相當低，大概只有 10 克爾文（相當於零下 263℃）。因為分子雲核心一旦升溫，就會發出大量的電磁波；電磁波可以從外圍「蠶繭」的縫隙中逃逸，從而把能量帶走，讓分子雲核心的溫度遲遲無法升高。

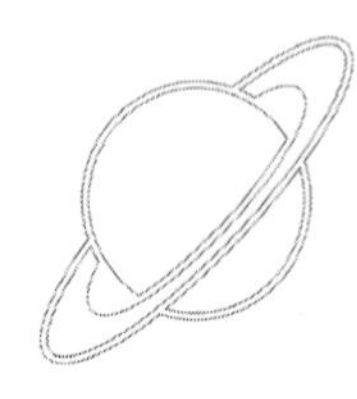

10 恆星的一生

在溫度很低的情況下，分子雲核心向外擴張的壓力遠遠小於其自身的引力。所以，分子雲核心會處於加速收縮的狀態。

隨著外層物質越聚越多，外圍的「蠶繭」會不斷變厚。等「蠶繭」厚到能把電磁波全部攔截下來的時候，分子雲核心的溫度就可以顯著上升了。當核心溫度達到 3,000 克耳文的時候，向外擴張的壓力就能與引力達到平衡了。

這是一個關鍵的時點。此後，分子雲核心的溫度會進一步升高，讓自己進入減速收縮的狀態。這種處於減速收縮狀態的分子雲核心，就是所謂的原恆星。

為了便於理解，你不妨把原恆星當成是胚胎狀態的恆星。圖 15 就展示了一顆被稱為「HOPS 383」的原恆星。

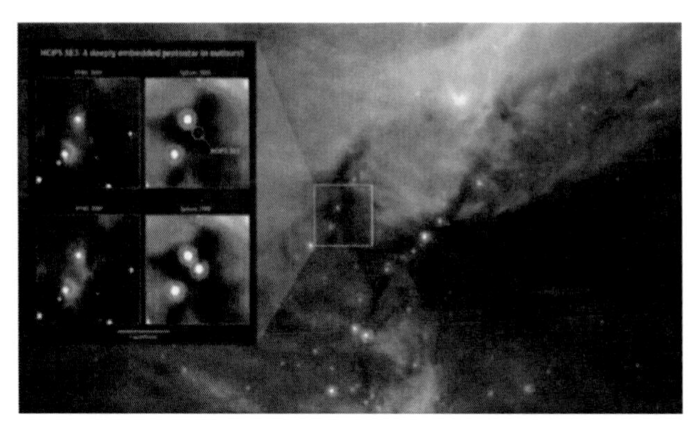

圖 15

恆星誕生的第三階段，是從原恆星變成真正的恆星。

在這個過程中，會同時發生兩件大事。

第一件大事，原恆星會繼續地從包裹它的「蠶繭」中吸收物質。由於「蠶繭」中的物質是有限的，原恆星最後能吃掉整個「蠶繭」。

第二件大事，原恆星的溫度會隨體積的收縮而不斷升高。當溫度突破某個臨界值的時候，就可以在原恆星的中心形成氫融合。一旦形成氫融合，原恆星就會變成一顆真正的恆星。

完成這兩件大事的先後順序，決定了原恆星變成真正恆星的兩種路徑。如果分子雲碎塊的體積比較小，就會形成一個小質量的原恆星，以及比較薄的外層「蠶繭」。在這種情況下，當原恆星把整個「蠶繭」都吃掉後，其中心依然沒形

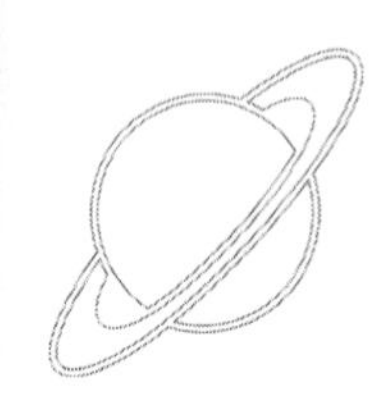

成氫融合。此後，這個已經沒有「蠶繭」包裹的原恆星會繼續收縮，最終突破臨界溫度並引起氫融合。這種路徑，會形成一顆小質量恆星。

如果分子雲碎塊的體積比較大，就會形成一個大質量的原恆星，以及比較厚的外層「蠶繭」。在這種情況下，原恆星還沒來得及把外層「蠶繭」吃掉，其中心就已經形成了氫融合。氫融合釋放的巨大能量，會把外圍「蠶繭」直接吹散。這種路徑，會形成一顆大質量恆星。

這就是恆星誕生的故事。

無論是小質量恆星還是大質量恆星，一旦在其中心區域形成氫融合，就會進入主序星（main sequence star）的階段。

為了介紹什麼是主序星，我得先給你科普一點天文學背景知識。

在 20 世紀初，丹麥天文學家埃納爾·赫茨普龍（Ejnar Hertzsprung）和美國天文學家亨利·羅素各自獨立地發明了一種研究恆星的重要工具，也就是所謂的赫羅圖（Hertzsprung–Russell diagram）。

赫羅圖是一個給恆星分類的二維直角座標系，其橫座標代表恆星的表面溫度，而縱座標則代表恆星的絕對亮度（絕對亮度是假定把天體放在離地球 32.6 光年遠的地方，所測得的亮度）。根據表面溫度，恆星可以分為 O、B、A、F、G、K、M 七類。其中 O 型恆星的溫度最高，超過 30,000 克耳文，主要發出藍白光；而 M 型恆星的溫度最低，介於 2,400 克耳文到 3,700 克耳文，主要發出橙紅光。而根據絕對亮度，按由亮到暗的順序，恆星又可以分為超巨星、亮巨星、巨星和矮星。

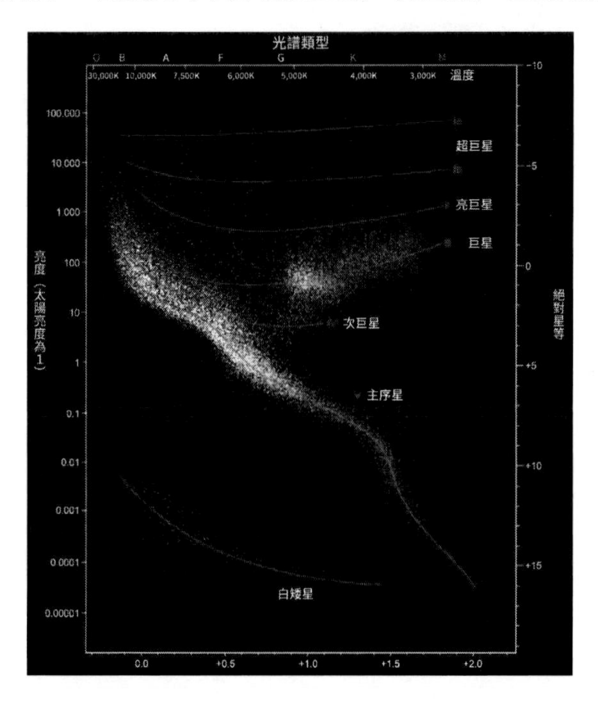

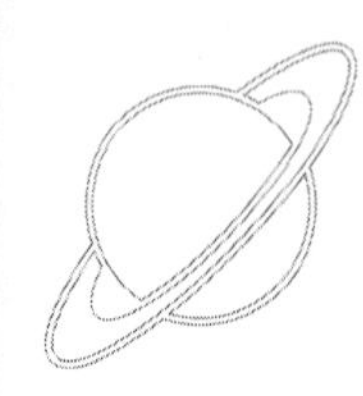

10 恆星的一生

後來人們發現，包括太陽在內的絕大多數的恆星，都分布在赫羅圖中一條從左上角延伸到右下角的對角線上，即主序帶。主序帶上的所有恆星，其表面溫度都與其絕對亮度呈正相關，稱為主序星（main sequence），除了主序星以外，還有兩個恆星聚集區域。一個位於赫羅圖的右上角，稱為紅巨星；另一個位於赫羅圖的左下角，稱為白矮星。

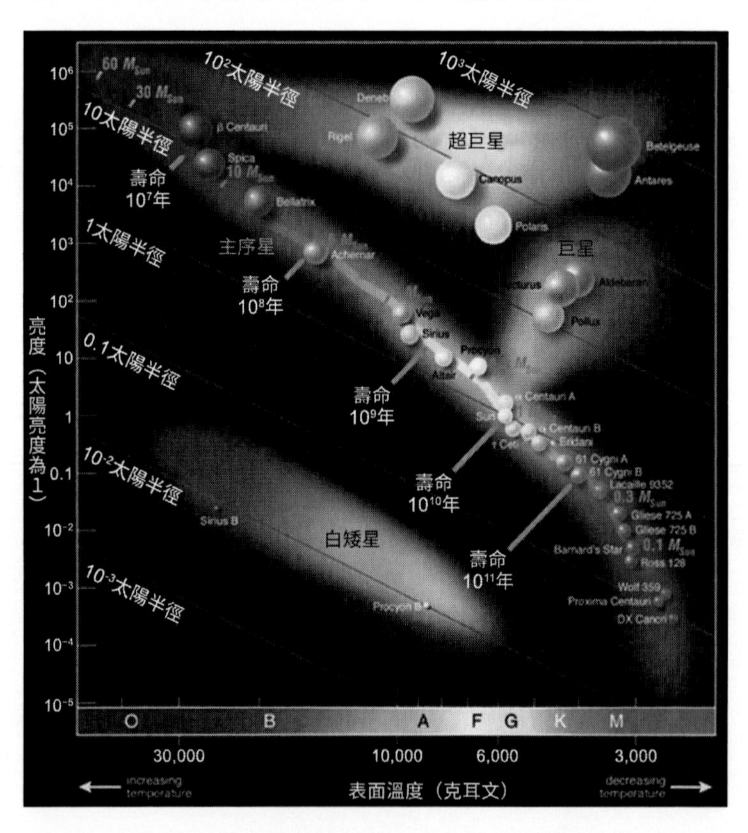

現在我們知道，天上絕大多數的恆星都是主序星。那麼，主序星的本質是什麼呢？最早揭開這個謎團的人，是英國大天文學家愛丁頓。

愛丁頓無疑是20世紀最偉大的天文學家之一。他一生中最有名的成就是在1919年，以日全食觀測，驗證了愛因斯坦的廣義相對論。不過，這只是他知名度最高的成就，而不是他學術生涯的頂點。

真正奠定愛丁頓江湖地位的，是他在1920年發表的一篇名為〈恆星內部結構〉的論文。在這篇論文中，愛丁頓提出了一個最核心的問題：恆星是靠什麼來阻止自身的重力塌縮？正是這個問題，為人類揭開了恆星世界的神祕面紗。

愛丁頓對此問題的答案是，發生在恆星中心區域的氫融合。

氫融合會把4個氫原子核合成1個氦原子核，並釋放大量的能量（此過程的能量轉化率為7‰，比燒煤的能量轉化率要高上百萬倍）。這些能量可以產生方向向外的輻射壓，與恆星受到的方向向內的引力達到平衡。正因為如此，恆星才可以持續穩定的存在。

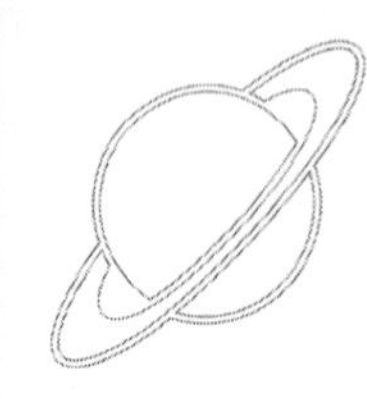

10 恆星的一生

依靠氫融合來對抗自身引力的恆星就是主序星，這就是主序星的本質。也就是說，主序星是盛年的恆星。

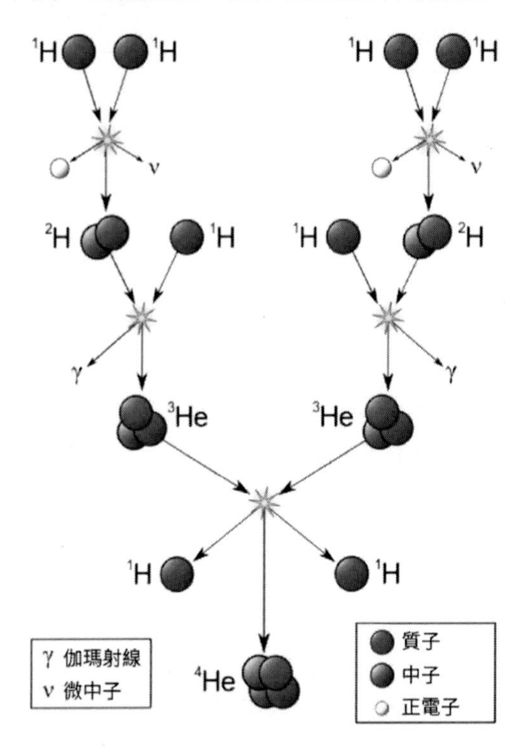

但是，一顆恆星中心區域的氫「燃料」並不是無窮無盡的。早晚有一天，恆星中心區域的氫燃料將會消耗殆盡，讓氫融合中止（太陽中心的氫燃料還能再燒上 50 億年。而質量是太陽 10 倍的恆星，只能再燒上幾千萬年）。到那時，恆星就會告別自己的盛年時期，邁向暮年時代。

由於中心區域的氫燃料已經消耗殆盡，邁向暮年的恆星將在引力的作用下開始收縮。恆星的收縮會讓它的溫度整體升高。如此一來，原本溫度較低的恆星外圍的氫殼層，就可以突破核反應的臨界溫度，引發氫融合。也就是說，氫融合會轉移到恆星的外圍區域。這樣一來，恆星外圍的氫殼層就不會再收縮，而是轉為膨脹，讓恆星的亮度大幅度超過之前的主序星階段。而恆星外圍氫殼層的膨脹，又會讓它的溫度下降，發出紅光。

另一方面，恆星中心區域的氦殼層（氦是由之前中心區域的氫融合產生的）還在繼續收縮，讓核心溫度不斷升高。當核心溫度超過 1 億攝氏度的時候，就形成氦融合，產生碳和氧元素，並釋放大量的能量。

當中心區域的氦融合形成的時候，就能與引力達成新的平衡。換句話說，靠著中心區域的氦融合的支撐，邁入暮年的恆星將重新達到穩定的狀態。此時，對於遠處的觀測者來說，這顆恆星將呈現出亮度大、溫度低、發紅光的特徵。這就是所謂的紅巨星。

也就是說，紅巨星是暮年的恆星。

但紅巨星中心區域的氦燃料，也會消耗殆盡。此後的恆星，就會邁向死亡。而小質量恆星和大質量恆星的命運，將出現分叉。

像太陽這樣的小質量恆星，會有一場比較平淡的葬禮。

它會丟擲外圍的氫殼層，形成被稱為「行星狀星雲」的發光氣體雲；這些行星狀星雲最後會逐漸消散，成為星際介質的一部分。

當所有的外圍氣體都被拋掉以後，由碳元素和氧元素構成的恆星核心就會暴露出來。這個核心還會繼續塌縮。但由於質量不足，塌縮引起的溫度升高始終無法點燃碳核聚變。最終，當這個恆星核心被引力壓縮到和地球差不多大小的時候，它內部的電子簡併壓力（Electron degeneracy pressure）[012] 就可以與引力達到平衡。

當電子簡併壓力與引力達到平衡以後，這個恆星核心就可以穩定地存在下去了。此時，對於遠處的觀測者來說，這個殘存的恆星核心將呈現出亮度小、溫度高、發白光的特徵。這就是所謂的白矮星。

值得一提的是，白矮星有一個質量上限，也就是太陽質量的 1.44 倍，稱其為錢德拉塞卡極限（Chandrasekhar Limit）。一旦超過極限，電子簡併壓力就無法再對抗引力。換言之，超過錢德拉塞卡極限的白矮星根本就無法存在。

白矮星，就是小質量恆星死後的歸宿。

---

[012] 當距離很近時，一個電子會對另一個電子產生排斥力，這就是電子簡併壓力。對它的物理圖像感興趣的讀者，可以參閱我之前寫的《宇宙奧德賽：穿越銀河系》一書的 2.3 節。

另一方面，質量能達到太陽質量 10 倍以上的大質量恆星，會有一場非常盛大的葬禮，也就是所謂的超新星爆發（Supernova）。

不同於死去的小質量恆星，大質量恆星的核心會因為自身的重力塌縮而達到極高的溫度。這樣一來，它就可以依序引發碳、氧、矽的核融合，直到在恆星最中心的位置產生一個鐵核。這就形成了圖 16 所示的「洋蔥」結構。

與之前所有核融合截然不同的是，鐵融合不但不能釋放能量，反而會吸收大量的能量。換句話說，鐵核就不可能再融合了。

10 恆星的一生

在這種情況下，就連電子簡併壓力也無法再對抗恆星自身的引力。這意味著，引力會把鐵核中的電子全部擠進原子核的內部。這些電子會與原子核內部的質子結合，變成中子。這就是所謂的恆星「中子化」過程。

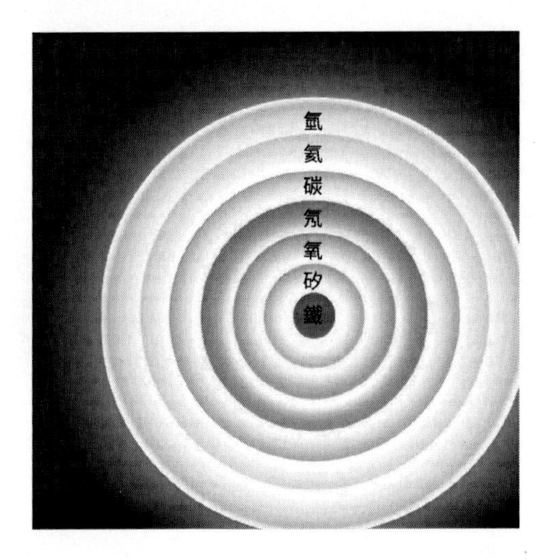

而恆星「中子化」的瞬間，會釋放出大量的微中子（中微子是一種不帶電荷、質量幾乎為 0 的粒子，它也是宇宙中數量第二多的粒子）。這些微中子會向四面八方飛散，其實就是一個微中子的大爆炸。這個微中子的大爆炸會把恆星的外層物質炸得四分五裂。由於發生了大爆炸的緣故，恆星的亮度能夠達到平時的幾千萬倍，這就是超新星爆發。

超新星爆發是一場極端壯麗的宇宙煙火秀。在短短幾十天內，這場煙火秀釋放的能量，就能超過一顆恆星上百萬年間釋放的能量總和。正因為如此，一顆超新星的亮度就足以和一個星系相媲美。即使經歷了上千年的歲月，超新星爆發的煙火秀依然能留下清晰可見的遺跡。其中最典型的例子，就是著名的蟹狀星雲（The Crab Nebula）。

超新星爆發後，會留下一個完全由中子構成的緊密核心，這就是所謂的中子星。一般而言，中子星的半徑約為 10 公里；而它的密度能達到水密度的 400 兆倍。（一湯匙白矮星物質的質量，大概相當於一輛汽車；一湯匙中子星物質的質量，則大概相當於一座山。）不同於靠電子簡併壓力對抗自身引力的白矮星，中子星是靠中子簡併壓力來對抗自身引力的，這就是中子星的本質。

類似於白矮星，中子星也有一個質量上限，即太陽質量的 3 倍，稱其為奧本海默極限。一旦超過這個極限，中子簡

併壓力也將無法對抗引力。這樣一來，引力就會君臨天下，最終把大質量恆星的核心壓成一個黑洞（black hole）。

黑洞是宇宙中最恐怖的監獄，只要進入了這個監獄的圍牆（即黑洞的事件視界），就連宇宙中速度最快的光也不可能逃出它的魔掌 [013]。

中子星和黑洞，就是大質量恆星死後的歸宿。

我們已經講完了恆星的一生。由於宇宙版本的馬太效應，初始的宇宙密度差異會逐漸演變成恆星。恆星在經歷了盛年的主序星階段和暮年的紅巨星階段後，會邁向死亡。小質量恆星的葬禮是行星狀星雲，然後留下一顆白矮星。大質量恆星的葬禮是超新星爆發，然後留下一顆中子星或一個黑

[013] 對黑洞的物理圖像感興趣的讀者，可以參閱我之前寫的《宇宙奧德賽：穿越銀河系》一書的 7.2 節。

洞。（還有一些質量最大的恆星，會直接塌縮成黑洞。）但恐怖的是，最新的天文觀測顯示，在宇宙中能發光的所有恆星，其質量只占宇宙總質量的 5%。這意味著，宇宙的真正主宰，其實是我們根本看不到的宇宙黑暗面，也就是所謂的暗物質和暗能量。

那麼，人類是如何發現暗物質（dark matter）和暗能量（dark energy）的呢？

欲知詳情，請聽下回分解。

11 暗物質與暗能量

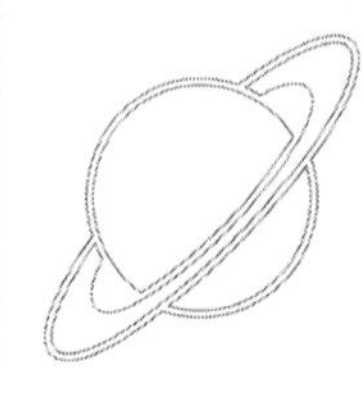

11 暗物質與暗能量

上節課的結尾，我們提出了這樣一個問題：人類是如何發現暗物質和暗能量的呢？

事實上，無論是暗物質還是暗能量的發現，都是足以載入物理學和天文學史冊的重大歷史突破。接下來，我就來講講人類發現暗物質和暗能量的故事。

暗物質的故事，得從一匹「獨狼」講起，他就是瑞士天文學家弗里茲 · 茲威基（Fritz Zwicky）。

茲威基是蘇黎世聯邦理工學院的博士，也就是愛因斯坦的校友。1920 年代，他移居美國，任教於加州理工學院，並在威爾遜山天文臺做兼職研究員。很快地，他就成了人們眼中的怪胎。

茲威基生性粗魯，喜歡罵自己看不上的人是「混球」。由於怕別人聽不懂，還總要在後面補充一句：「混球就是具有球對稱性、無論從哪個方向看都是混蛋的人。」那麼，茲威基到底看不上哪些人呢？答案是加州理工學院和威爾遜山天文臺的幾乎所有人。

茲威基粗暴的性格讓他樹敵甚多。後來有一群人忍無可忍，聯名寫信給加州理工學院院長羅伯特·密立坎（Robert A.Millikan），強烈要求開除茲威基這個「惱人的小丑」。

但密立坎沒有同意。他在回信中寫道：「我知道茲威基是個瘋子，但他在科學上提出了很多富有革命性的瘋狂點子。萬一這些點子裡，有一兩個是對的呢？」

實際上，茲威基總共對了4個，分別是超新星、中子星、重力透鏡，以及接下來要重點介紹的暗物質。

1930年代，茲威基開始研究后髮座星系團（Coma Cluster of Galaxies）。為了測量這個星系團的質量，他採用了兩種截然不同的方法：光度學方法和動力學方法。光度學方法透過測量星系團發出的光的亮度，來估算星系團中發光物質（即恆星）的質量；動力學方法則透過測量星系團邊緣的天體的運動速度，來計算整個星系團的總質量。

茲威基最後發現，用動力學方法測出的星系團總質量，是用光度學方法測出的發光物質質量的400倍。換言之，在星系團中存在的絕大多數的物質，我們都是看不見的。（以今天的眼光來看，茲威基的這個測量結果是錯誤的。他之所以會搞錯，是因為他在估算過程中使用了當時流行的、但實際上是錯誤的哈伯常數。）

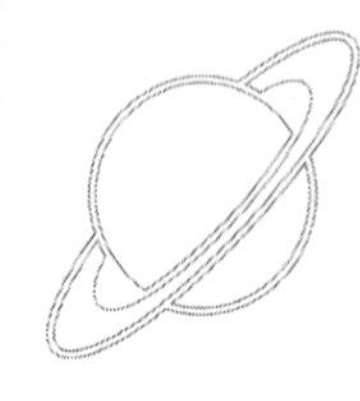

為了解釋這個詭異的觀測結果，茲威基提出了一個相當「瘋狂」的點子：星系團中存在著一種看不見的物質，也就是所謂的暗物質（嚴格地說，茲威基並不是提出「暗物質」這個名詞的第一人。但他最早用天文觀測證明，暗物質的存在是一個非常現實的問題）。

需要強調的是，這裡的「暗」並不是指黑暗，而是指透明。黑暗的物質會徹底吸收光，而透明的物質則會直接無視光。換句話說，暗物質根本不會與光發生任何相互作用。這樣一來，光就可以毫無障礙地直接穿過暗物質，而不會被暗物質反射。因此，我們永遠無法直接看到暗物質。

但是在科學領域，遠遠超越時代的先知往往會變成「先烈」。茲威基就沒能逃脫這樣的宿命。在長達 40 年的時間裡，茲威基提出的這個暗物質理論，一直無人問津。

直到 1970 年代，另一個人的橫空出世才讓暗物質得到了普遍的承認。此人就是美國天文學家薇拉·魯賓（Vera Rubin）。

類似於我們之前介紹過的現代宇宙學之母勒維特，魯賓在追求科學的道路上，也遭遇了很多歧視和不公。舉個例子，在高中畢業那年，她申請了一所大學，想去那裡學習天文學專業。但是，招生面試官覺得女性不適合研究科學，竟試圖引導她去學習更為「淑女」的美術科系。後來，這成了魯賓朋友圈中的一個笑話。只要她在工作中遇到了挫折，就一定會有人問：「你是否考慮過畫畫的職業？」大學畢業後，成績優異的魯賓滿懷憧憬地申請了普林斯頓大學天文系的研究生。結果她被告知，普林斯頓大學天文系根本不招女生（直到 1975 年，普林斯頓大學天文系才開始招收女生）。

但種種歧視和不公不但沒打倒魯賓，反而塑造了她強悍的個性。

1954 年，魯賓在喬治敦大學拿到了博士學位，隨後成為了卡內基科學研究所的首位女研究員。1965 年，她得到許可，可以用帕洛瑪山天文臺的大型望遠鏡進行天文觀測。這也讓她成了歷史上第一個獲此殊榮的女天文學家。

但到了帕洛瑪山天文臺以後，魯賓發現了一個問題：這裡根本就沒有女洗手間。於是她就把一張紙剪成了短裙的形狀，並貼在了一個男洗手間的門上。然後她就守在那個洗手間的門口，趕跑所有想去那裡上廁所的男人。從那以後，帕洛瑪山天文臺就有了女洗手間。

1960 年代末，魯賓開始與她的同事肯特 · 福特（Kent Ford）合作，研究一個當時很不起眼的領域：測量星系的旋轉速度。

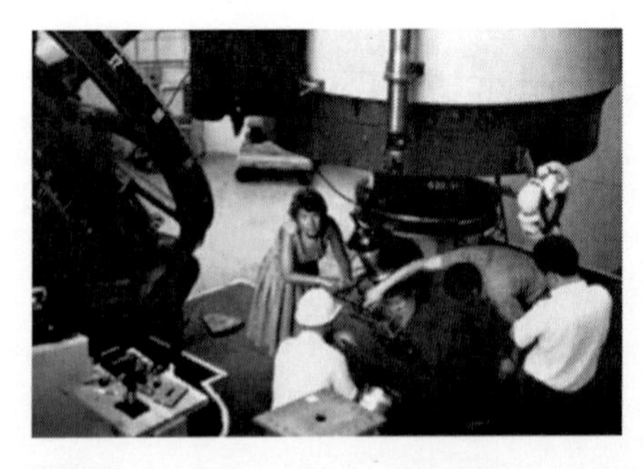

魯賓選定的研究對象，是仙女座星系。在觀測開始前，魯賓和福特一致認為，他們肯定會看到這樣的景象：離星系

中心越近的恆星，繞星系中心公轉的速度就越大；離星系中心越遠的恆星，繞星系中心公轉的速度就越小。這也是我們在太陽系中看到的景象：離太陽越近的行星，其公轉速度就越大；離太陽越遠的行星，其公轉速度就越小。

但最後的觀測結果讓魯賓和福特都大吃一驚。他們發現：恆星的公轉速度竟然是一個常數，與恆星到星系中心的距離無關。

圖 17 就展示了魯賓和福特的發現。此圖中的橫軸表示恆星到星系中心的距離，縱軸則表示恆星的運動速度。魯賓和福特本以為他們會看到恆星的公轉速度隨距離的增大而降低，也就是圖中的虛線。但實際上，他們發現恆星的公轉速度是一個常數，與距離無關，也就是圖中的實線。這條後期逐漸變平的實線，就是著名的星系旋轉曲線（Galaxy rotation curve）。

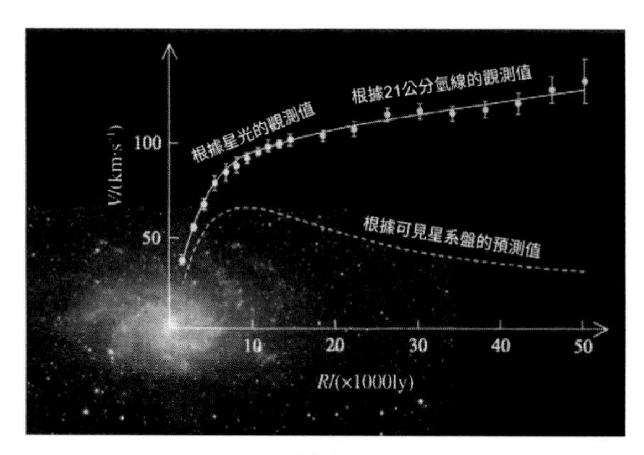

圖 17

11 暗物質與暗能量

起初，魯賓和福特還以為這種詭異的結果是仙女座星系獨有的。但後來，他們又研究了 200 多個星系，並發現了所有的星系都有一條相同的、後期逐漸變平的旋轉曲線。這意味著，恆星公轉的速度與它到星系中心的距離無關，這是一條適用於所有星系的普遍規律。

為什麼說這個結果非常詭異呢？原因在於，如果星系邊緣恆星的公轉速度不隨距離的增大而降低，那麼它就可以掙脫星系引力的束縛，飛到遙遠的太空中去。而隨著星系邊緣的恆星不斷被剝離，整個星系也將瓦解。但實際情況是，星系可以非常穩定地存在幾十億年。這到底是怎麼回事呢？

唯一合理的解釋，就是星系總質量遠遠大於我們看到的發光物質的質量。換句話說，在星系中必須存在大量的看不見的物質，它們提供的額外的引力牢牢地束縛住了星系邊緣的恆星。也只有這樣，整個星系才不會瓦解。

星系中大量存在的這種看不見的物質，就是茲威基 40 年前預言的暗物質。根據魯賓的估算，對於所有星系而言，其中包含的暗物質的質量，至少是能發光的恆星總質量的 5 ～ 6 倍。

1975 年，魯賓在美國天文學會的年會上報告了自己的發現。她指出：所有星系的旋轉曲線都有後期變平的現象，這說明了所有的星系中都存在著大量的暗物質。這是人類歷史上首次發現暗物質存在的確鑿證據。

而暗物質的存在，後來也得到了其他天文觀測（如重力透鏡和星系團合併）的證實。

我們已經介紹了人類是如何發現暗物質的。接下來，就該講暗能量了。

暗能量的故事能一直追溯到愛因斯坦。之前我們講過，為了維持一個靜態的宇宙，愛因斯坦在他的重力場方程式中引入了一個宇宙常數項；這個宇宙常數項能產生斥力，與整個宇宙的引力達成平衡，並讓整個宇宙保持靜止。1931 年，哈伯發現了宇宙在膨脹。這讓愛因斯坦後悔莫及，宣稱引入宇宙常數是他一生中「最大的錯誤」。

後來，有些人［如蘇聯大天文學家澤爾多維奇（Zeldovich）］也曾試著拯救這個宇宙常數理論，但全都鎩羽而歸。直到 1990 年代末，兩個美國的天文觀測組做出了一個劃時代的重大發現，這才讓愛因斯坦的宇宙常數王者歸來。

那兩個觀測組的科學目標，是利用 Ia 型超新星（Type Ia supernova）測量宇宙的膨脹速率。

先介紹一下什麼是 Ia 型超新星。宇宙中大多數的恆星都處於雙星系統。在兩顆互相繞轉的恆星中，肯定有一顆會先死，並且變成一顆白矮星。隨後，沒死的那顆恆星也會邁向暮年時代，並變成一顆紅巨星。

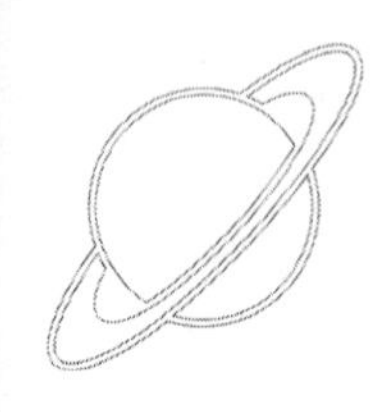

這樣一來，白矮星就可以從體積膨脹的紅巨星那裡吸積物質，形成一個宛如海底漩渦的吸積盤（accretion disk）。一旦白矮星和吸積盤的總質量超過了錢德拉賽卡極限（太陽質量的 1.44 倍），就會引發一場巨大的核爆炸，讓自身的亮度急遽增大。這場由白矮星吸積伴星物質所引發的大爆炸，就是 Ia 型超新星爆發。

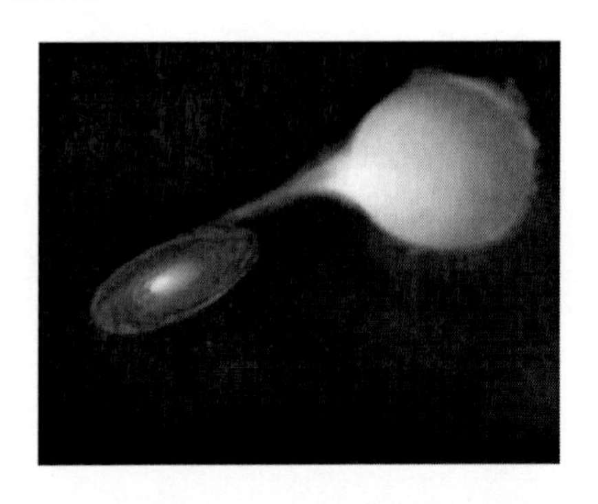

因為所有的 Ia 型超新星爆發時所釋放的總能量一定是太陽質量的 1.44 倍，所以可以近似地認為，Ia 型超新星的絕對亮度固定不變。這樣一來，就可以把 Ia 型超新星視為標準燭光，來進行距離測量。另一方面，Ia 型超新星相對於地球的徑向速度（Radial velocity），可以用都卜勒效應來測量。透過比較一批 Ia 型超新星的徑向速度和它們到地球的距離，就可以確定宇宙的膨脹速度了。

但這兩個天文觀測組的測量結果，讓所有人都驚掉了下巴。他們的結果顯示：宇宙不但在膨脹，而且在加速膨脹。

這到底是怎麼回事呢？我們來打一個比方。

想像有一個田徑運動員，他跑步的速度是恆定的 10 公尺／秒。現在，讓他在逆風的環境下跑上 10 秒。10 秒之後，我們再測量他所跑的距離。

按理說，由於逆風，這個運動員跑過的距離肯定不到 100 公尺。但實際的測量結果顯示，他跑過的距離竟然遠遠超過了 100 公尺。這是怎麼回事呢？唯一的可能是，運動員所處的環境根本不是逆風，而是順風。

現在，讓我們把這個奔跑的運動員想像成一個正在膨脹的宇宙。逆風意味著，引力的存在會讓宇宙的膨脹減速；但實際的測量結果顯示，宇宙的膨脹不但沒有減速，反而在不斷加速，這就是所謂的宇宙加速膨脹。

1998 年，這兩個天文觀測組各發表了一篇論文，宣布他們發現宇宙正在加速膨脹。這是繼哈伯發現宇宙膨脹以來最重大也最震撼的宇宙學發現，被《科學》雜誌評為了當年的十大科學突破之首。這個發現也讓三位美國科學家索爾·珀爾穆特（Saul Perlmutter）、布萊恩·施密特（Brian Schmidt）、亞當·黎斯（Adam Riess）獲得了 2011 年的諾貝爾物理學獎。

宇宙加速膨脹意味著：主宰整個宇宙的並不是引力，而是斥力（斥力就對應於運動員所處的順風環境）。那麼，這種神祕的斥力到底從何而來？

目前學術界最主流的觀點是：這種斥力源於一種非常神祕的事物，也就是所謂的暗能量。

暗能量有三個最核心的特徵。第一，它是透明的。也就是說，它不會與光發生任何相互作用，因而永遠也不會被看到，所以才叫「暗」。第二，它會產生斥力。因此它與物質存在著本質上的不同，所以才叫「能量」。第三，它在宇宙中均勻分布。事實上，它是一種源於真空的能量，藏在我們每個人的體內和身邊。

那我們為何在日常生活中完全感受不到暗能量的存在呢？因為它的密度太小了，每立方公分內的質量還不到 10^{-29} 克。如果把 100 多個地球內包含的暗能量都加在一起，也只有區區 1 克。因此，我們在宏觀尺度上完全無法感知暗能量的存在。但是放眼整個宇宙，暗能量積沙成塔，變成了主宰整個宇宙的力量，根據最新的天文觀測，暗能量目前占宇宙總物質組分的 68.3%。

暗能量到底是什麼呢？ 20 多年後的今天，人類對此依然知之甚少。

到目前為止，物理學家們已經提出了成百上千種暗能量模型。但目前最受天文觀測青睞的，依然是愛因斯坦在 100 多年前提出的宇宙常數模型。這個宇宙常數模型說的是：源於真空的暗能量的能量密度，永遠都是一個常數，不會隨時間推移而發生改變。

基於暗物質和暗能量的發現，科學家們構造了一個「標準宇宙模型」，也叫「ΛCDM 模型」。它說的是，我們的宇宙正由暗能量（即宇宙常數 Λ）和冷暗物質（即運動速度緩慢的暗物質，cold dark matter，簡稱 CDM）統治。其中暗能量占宇宙總物質組分的 68.3%，冷暗物質占 26.8%。

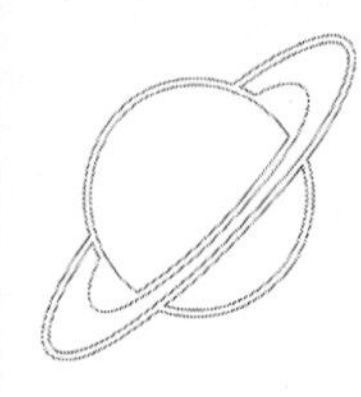

11 暗物質與暗能量

或許你會好奇，暗能量到底有什麼用。答案是，它將主宰宇宙的最終命運。那麼，暗能量將會如何主宰宇宙的最終命運？

欲知詳情，請聽下回分解。

12 宇宙的終極命運

12 宇宙的終極命運

上節課的結尾，我們提出了這樣一個問題：暗能量將會如何主宰宇宙的最終命運？

在回答這個問題前，我們得先講講暗能量為什麼能主宰宇宙的命運。

我們之前講過，暗能量目前占宇宙總物質組分 68.3%。隨著宇宙的不斷膨脹，宇宙中物質的密度將不斷減小（隨著宇宙的膨脹，宇宙的體積將不斷增大，但其中包含的物質總量不變，所以密度就會不斷減小）。但根據愛因斯坦的宇宙常數理論，暗能量的密度只取決於真空的性質，而與宇宙的膨脹無關。因此，暗能量的密度始終是一個常數。這意味著，隨著時間的推移，暗能量在宇宙總物質組分中所占的比例將不斷提高，並最終趨向於 100%。所以，宇宙的命運必將由最終占比 100%的暗能量主宰。

接下來，我要介紹宇宙有哪些可能的命運。在暗能量發現之前，人類普遍認為，宇宙有三種可能的命運，即「大擠壓」（Big Crunch）「大反彈」（Big Bounce）和「大凍結」（Heat Death）。為了講清楚「大擠壓」「大反彈」和「大凍結」的含義，我要先做一個類比。

想像有一個乒乓球，被你用力地拋向空中。那麼這個乒乓球就有三種可能的結局。

第一種結局，乒乓球飛行的速度不夠快，被地球引力拉了回來，隨後一頭栽在地上，再也彈不起來。

第二種結局，乒乓球飛行的速度不夠快，被地球引力拉了回來，接著被地面反彈，然後又被地球引力拉回。如此彈起、落下、彈起、落下，不斷循環。

第三種結局，乒乓球飛行的速度足夠快，徹底掙脫地球引力的束縛，飛向太空，一去不復返。

現在，把乒乓球的飛行想像成宇宙的膨脹，把地球的引力想像成整個宇宙的引力，這樣就可以把上述的三種結局與宇宙的三種命運一一對應。

第一種結局對應「大擠壓」。它說的是，宇宙將來會由膨脹轉為收縮，並最終將其中包含的所有物質都擠壓進一個體積無窮小、密度無窮大的時空奇點。

第二種結局對應「大反彈」。它說的是，宇宙將來會由膨脹轉為收縮，而收縮到足夠小的時候又會被反彈，重新開始膨脹。這樣一來，宇宙就會在不斷的膨脹與收縮中，循環往復。

但是暗能量的發現，幾乎宣判了「大擠壓」和「大反彈」理論的「死刑」。因為，乒乓球已經不會再落回地面了；它將在暗能量所產生斥力的推動下，加速飛離地球。因此，宇宙將走向第三種結局，即掙脫引力束縛，永遠膨脹下去（也有極少數的暗能量理論認為，宇宙還是有可能在遙遠

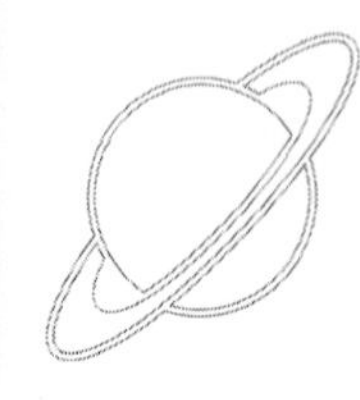

的未來由加速膨脹轉為最終收縮）。換言之，宇宙的最終命運將是「大凍結」。

「大凍結」意味著，宇宙將迎來一個黑暗、寒冷、孤獨的死亡。在此過程中，有以下幾個代表性事件。

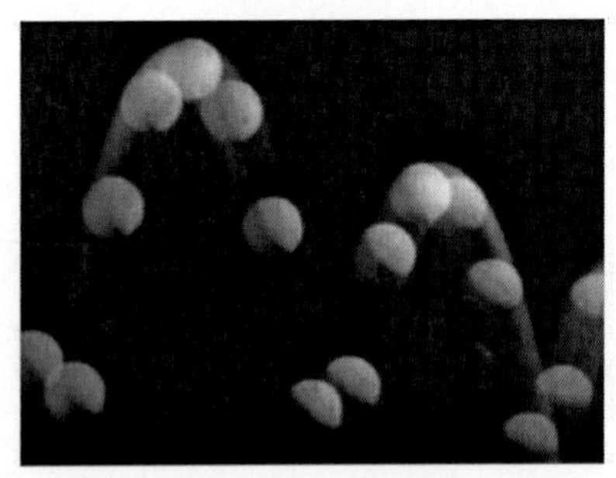

（1）在目前的宇宙中，既有恆星在死亡，也有恆星在誕生。但早晚有一天，宇宙中所有的恆星都會死亡，並且不會再有新的恆星誕生。此後，宇宙就將陷入永恆的黑暗。

（2）宇宙加速膨脹會讓室女座超星系團（也就是我們住的這個「省」）以外的所有星系，都離我們越來越遠，直到再也無法看見。換句話說，宇宙加速膨脹會不斷擴大宇宙之海的規模；被引力束縛、面積無法擴大的超星系團，將變成漂浮在這片海裡的宇宙孤島。

（3）隨著動能的耗盡，所有的人造地球衛星最後都會落回地球。類似地，隨著動能的耗盡，所有的天體最後都會落入超星系團中心的超大質量黑洞。到那時，所有的宇宙孤島都會變成無比巨大的黑洞，像一個個盤踞在宇宙中的可怕怪物。

（4）黑洞依然不是終點。隨著宇宙的膨脹，宇宙微波背景的溫度將不斷降低，最終會低於所有黑洞的溫度。此後，黑洞就會開始蒸發（這就是所謂的霍金輻射），變得越來越小。早晚有一天（一般認為，至少要花 101,000 年），宇宙中所有的黑洞都會蒸發殆盡。到那時，宇宙中的萬事萬物都會煙消雲散。

黑暗、寒冷、幾乎空無一物，這就是宇宙「大凍結」的最終結局。

但在 20 世紀末，有人發現「大凍結」並非宇宙唯一可能的命運。此人就是美國物理學家羅伯特．考德威爾（Robert Caldwell）。

1999 年，考德威爾提出了一個全新的暗能量模型。當時正好一部好萊塢大片《星際大戰首部曲：威脅潛伏》（*Star Wars: Episode I – The Phantom Menace*）在熱映。為了向這部大片致敬，考德威爾用幽靈的英文單字 phantom 來命名自己的模型，即「幻影暗能量」（Phantom Energy）。

但是考德威爾寫的這篇提出幻影暗能量的論文，卻遭到了學術界的圍剿。它遭到了數名審稿人的刁難，直到三年後才得以正式發表。為什麼大家都不喜歡這篇論文呢？原因在於，它揭示了一種匪夷所思的可能性：暗能量的密度會隨著時間的推移而不斷變大。

潘朵拉的盒子就這樣開啟了。一場災難也隨之降臨。

我來解釋一下，這到底意味著什麼。我們所熟悉的世界，是靠引力來維持穩定的。而且，對於引力束縛系統（如行星、恆星、星系和星系團）而言，引力的大小是固定的，不會隨時間的推移而發生改變。

但是充斥在宇宙的每個角落、並且能產生斥力的暗能量就不同了。特別是這個幻影暗能量，其能量密度會隨著時間的推移而不斷變大。這就意味著，它產生的斥力也會越來越大。

目前，暗能量的密度還不到 10^{-29} 克 / 立方公分，所以我們完全感受不到它發出的斥力。但要是暗能量產生的斥力能隨著時間的推移而不斷變大，早晚有一天，它將超過所有引力，破壞原本由引力維繫的整個世界的穩定。換句話說，到時宇宙中所有的結構，無論是銀河系、太陽系、地球還是我們自身，都會被幻影暗能量從內部撕碎。幻影暗能量從內部撕碎一切的這個恐怖末日景象，就是所謂的宇宙「大撕裂」（Big Rip）。

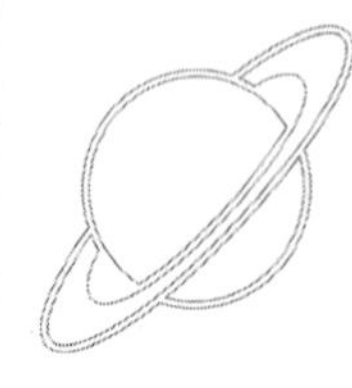

12 宇宙的終極命運

宇宙「大撕裂」到底是一個怎樣的景象？2012 年，我與 4 位同事合作，寫了一篇研究宇宙最終命運的論文，並得到了幾十家中外媒體的報導。我們的研究結果顯示，宇宙「大撕裂」確實有可能發生。在最壞的情況下，宇宙甚至有可能在 167 億年後就遭遇毀滅。

接下來，我就基於這篇論文，為你播放一部關於宇宙「大撕裂」的末日影片。

假設宇宙大撕裂發生在西元 167 億年 12 月 31 日的 24：00。西元 167 億年與現在最大的不同是，天上的星星早已全部消失。除此以外，在最後一年大多數的時間裡，我們並不會感受到任何的異常。

但到了 10 月 31 日，冥王星會突然消失。隨後，海王星、天王星、土星、木星和火星，也會一個接一個地神祕失蹤。

到了 12 月 26 日，月球也離家出走了；它掙脫了地球引力的束縛，像脫韁的野馬一樣，消失在了太空的深處。

真正恐怖的事情發生在 12 月 31 日的午夜。那天晚上的 23：32，太陽死後留下的那顆白矮星，會突然分崩離析。到了 23：44，地球也會突然瓦解。在末日到來前的 10^{-17} 秒，就連原子都會被幻影暗能量的強大斥力撕碎。然後就是「大撕裂」的時刻。這時幻影暗能量將君臨天下，徹底摧毀宇宙中的一切。整個宇宙，甚至包括時間本身，都會在這一刻走向終結。

美國桂冠詩人羅伯特·佛洛斯特（Robert Frost）在他的名作〈火與冰〉中寫下了這樣的詩句：「有人說世界將終結於火，有人說是冰。」這恰好對應宇宙可能面臨的兩種最終命運：「大撕裂」和「大凍結」。所以宇宙就是一首最典型的「冰與火之歌」。

但不管是冰的結局還是火的結局，宇宙最後都會變成一個黑暗、寒冷、空無一物的地方。正所謂「好一似食盡鳥投林，落了片白茫茫大地真乾淨」。

國家圖書館出版品預行編目資料

宇宙科學史，從地心說開始向天空的探究！島宇宙理論 × 造父變星發現 × 無止盡永恆暴脹 × 微波背景輻射……帶你穿越宇宙時空的天文學！/ 王爽 著 . -- 第一版 . -- 臺北市 : 崧燁文化事業有限公司 , 2024.06
面； 公分
POD 版
ISBN 978-626-394-420-6(平裝)
1.CST: 宇宙 2.CST: 天文學
323.9 113008171

宇宙科學史，從地心說開始向天空的探究！島宇宙理論 × 造父變星發現 × 無止盡永恆暴脹 × 微波背景輻射……帶你穿越宇宙時空的天文學！

作　　者：王爽
發 行 人：黃振庭
出 版 者：崧燁文化事業有限公司
發 行 者：崧燁文化事業有限公司
E-mail：sonbookservice@gmail.com
粉 絲 頁：https://www.facebook.com/sonbookss/
網　　址：https://sonbook.net/
地　　址：台北市中正區重慶南路一段 61 號 8 樓
8F., No.61, Sec. 1, Chongqing S. Rd., Zhongzheng Dist., Taipei City 100, Taiwan
電　　話：(02) 2370-3310　　傳　　真：(02) 2388-1990
印　　刷：京峯數位服務有限公司
律師顧問：廣華律師事務所 張珮琦律師

版權聲明

原著書名《给青少年讲宇宙科学》。本作品中文繁體字版由清華大學出版社有限公司授權台灣崧燁文化事業有限公司出版發行。
未經書面許可，不可複製、發行。

定　　價：299 元
發行日期：2024 年 06 月第一版
◎本書以 POD 印製
Design Assets from Freepik.com